自制根灌剂与吸水剂新工艺及配方

冯晋臣　季静秋　著

金盾出版社

内 容 提 要

本书是冯晋臣教授继《高效节水根灌栽培新技术》、《林果吊瓶输注液节水节肥增产新技术》之后的第三部专著。书中介绍了作者于2002年发明的一种聚丙烯高吸水树脂新工艺，这在高分子合成化学领域也是重大创新。本书主要内容包括：能工业化用本体聚合法生产高吸水树脂新工艺，与本体聚合法相适应的设备，生产根灌剂与纳米级吸水剂的新工艺，生产永不褪色的高吸水树脂彩晶，制造根灌剂与吸水剂的原料和辅料以及其调制，适合本体聚合反应的配方。本书技术创新，实用性和可操作性强，也是与节水根灌技术和林果吊瓶输注液技术配套的读物。

图书在版编目(CIP)数据

自制根灌剂与吸水剂新工艺及配方/冯晋臣，季静秋著.--北京：金盾出版社，2011.4
ISBN 978-7-5082-6854-5

Ⅰ.①自… Ⅱ.①冯…②季… Ⅲ.①保水剂—生产工艺②保水剂—配方 Ⅳ.①TQ421.9

中国版本图书馆CIP数据核字(2011)第028131号

金盾出版社出版、总发行
北京太平路5号(地铁万寿路站往南)
邮政编码：100036 电话：68214039 83219215
传真：68276683 网址：www.jdcbs.cn
封面印刷：北京凌奇印刷有限责任公司
正文印刷：北京军迪印刷有限责任公司
装订：北京军迪印刷有限责任公司
各地新华书店经销

开本：787×1092 1/32 印张：4.25 字数：92千字
2011年4月第1版第1次印刷
印数：1～8 000册 定价：8.00元

序

本书作者是琼州大学教授冯晋臣。他于1962年从南京大学物理系毕业，所以有深厚的数学、物理学基础。毕业后被择优分配到国防科委从事雷达的研究，曾获1978年科学大会奖。他曾下放农村，吃忆苦思甜饭，心想必须用自己学到的科学知识，使农民富裕起来，使我国农业现代化，让“忆苦”永远成为历史。他对科学研究有一个理念：从事基础研究，应着眼于应用前景；从事应用研究，应立足于基础，特别需要有广阔的知识面，在多学科交叉的领域独立创新。因此他下决心利用业余时间研读了化学、化工、生物、农学、林学、水利、水工和机械方面的知识。因为他深信只有利用深厚的数理功底，加上上述知识，才能彻底解决“节水农业”的世界难题，造福人类。

1969年，他仿照医生用点滴输液医治病人的有效方法，发明“树木吊瓶输液”技术，能提高水肥利用率50～100倍。他经过40余年的研究与实践，又于2002年发明一种聚丙烯高吸水树脂新工艺（发明专利号：ZL02106374.5）。1997年，他发明了对农作物的“精细根灌技术”（发明专利号：ZL97103541.5）。这三项发明大大超越了以色列发明的“农业滴灌节水”技术，也超越了美国、日本及欧洲国家生产的“高吸水树脂”的工艺，达到世界领先水平。我国是一个农业大国，又是淡水资源相对贫乏的国家，人均水资源不足世界平均值的1/3。农业用水占总用水量的70%以上。农业用水中90%是灌溉用水，所以冯晋臣教授的三项发明具有十分重大的意义。

他已出版了《高效节水根灌栽培新技术》和《林果吊瓶输注液节水节肥增产新技术》两本专著，现在又将出版《自制根灌剂与吸水剂新工艺及配方》。本书的主要内容是2002年发明的一种聚丙烯高吸水树脂新工艺（发明专利号：ZL02106374.5）。这个工艺在高分子合成化学领域也是重大的创新。相信这三本专著的出版，将为我国节水农业的发展做出重大贡献。

特别令人钦敬和遗憾的是，作者冯晋臣教授非常坚强，他忍受着严重心血管病和糖尿病及其并发症的痛苦，在病床上由他艰难口述，由别人帮助记录，才完成这本书稿的。我为他的献身国家的科学事业，面向重大的农业现代化而奋斗终身的精神深深感动。这篇序言也是我对他崇高的精神和理念表示敬意。我要以他为楷模，尽我晚年的余力来尽量回报祖国和社会。

北京大学教授、中国科学院院士
国家最高科学技术奖获奖者

2010年8月15日

前　言

我国干旱、半干旱地区占国土面积的51%，人均水资源只有世界平均值的1/4，十分紧缺，水资源与降水在时空上分布非常不均，更加剧缺水的严重程度。干旱缺水已成制约我国国民经济发展、社会进步、环境改善与人民生活质量提高的关键因素之一。当前，我国农田灌溉用水量占总用量的70%以上，随着工业、城镇的发展和人民生活水平的提高，灌溉用水量的比例还将继续下降，灌溉用水的紧缺程度将日益严重。这种自然与社会条件决定了我国的灌溉农业必须走节水道路。因此，开发高效低耗的节水新技术，其意义十分重大。

我于1962年毕业于南京大学物理系，择优分配到国防科委搞雷达的研制。1963年，我因看到水资源紧缺，影响我国的发展，于是利用业余时间，自选"节水农业"课题，从物理学的角度结合有关学科进行研究，历经40余年的研究与实践，发明了精细灌溉——根灌（发明专利号：ZL97103541.5）。2005年2月16日，《海南日报》在"今日关注"栏目中，誉称"冯晋臣教授为根灌之父"。根灌的要点是在作物根毛处设置包根区。包根区由自制的根灌剂（一种专用于农林的高吸水树脂）和其他吸附物质组成，即在根部附近建立一个小水肥库，具有长效节水和保肥功能。运行时，将灌溉水和溶于水的肥料和药物通过根灌孔直接输入包根区，相当于喂到植物的嘴巴里（根系），由于根灌剂及其他吸附物质对水肥药的吸附与缓释作用，抑制了灌溉水和降水在土壤中的蒸发与下渗，可较长时期供作物根系吸收和利用，因此可起到高效节水、节肥和改善水土环境的良好作用。根灌实现了从“灌溉土壤”到“灌溉根系”的跨跃，是世界上唯一具有抗旱、保水、施肥、改良土壤和防治病虫害五种功能的能使旱区农业大幅度节水节肥与增产的高新技术。其优点是比国际公认最节水的滴灌还节水30%～50%，并能增加净收入20%以上；设施投入仅为滴灌的5%～25%。

由上述可见，根灌剂是发明专利“根灌”中“包根区”所需的主要载体材料，因此要推广高效节水根灌栽培新技术，就必须大量生产专用于农林的高吸水树脂——根灌剂。但目前未能大规模生产根灌剂，其主要原因是价格太高。而造成价格高的主要因素是生产工艺问题。聚合反应中最理想的工艺是本体聚合法。但目前的工艺无法实现本体聚合法，采用的工艺仅限于悬浮聚合法、反相悬浮聚合法、水溶液聚合法、乳液聚合法、反相乳液聚合法，除必须通氮气保护外，还均需用有机溶剂，如正己烷、煤油、汽油、甲苯等，多为易燃易爆物品，操作危险且污染环境；后处理工序烦琐，产品需甲醇、丙酮等有毒溶剂洗涤，易挥发，回收困难，不仅加大成本，而且危及工人安全；工艺难度大，设备复杂，存在爆聚甚至爆炸的危险，影响安全生产，且聚合物纯度不高，带有一些有机溶剂与洗涤剂。

聚合反应是化学中最难的一种反应，即在一定条件如高温高压及引发剂或催化剂存在下，烯烃分子中的π键断裂，发生同类分子间的加成反应，生成高分子化合物，这种类型的化学反应称为加成聚合反应，聚合的产物称为聚合物，参加聚合的小分子叫单体。生产聚丙烯酸盐高吸水树脂最理想的聚合反应是本体聚合法。所谓本体聚合，是单体本身或加入少量引发剂或催化剂，加热后产生链引发的聚合反应。

本体聚合法的优点是：

①实施工艺流程短、工艺简单、设备少、生产速度快、成本低。

②由于不加入其他杂质，得到的产品纯度高。

③易根据成型要求，能制成各种形状的产品。

所以，本体聚合法是最理想的聚合生产工艺。

上述旧工艺难以克服本体聚合法的两大困难：

一是反应热的排出问题。旧工艺必须在通氮保护下发生聚合反应，所以须在密封的反应釜中进行，而本体聚合法无散热介质，随着反应的进行，反应温度相继升高，体系的黏度增大，反应热排除更加困难，更由于凝胶效应，容易造成局部过热，分子量分散性变宽，导致降低产品的溶胀性、机械强度等质量与性能，严重时将发生爆聚甚至爆炸，因此本体聚合法用旧工艺很难以工业化生产。

二是聚合产物的出料问题。旧工艺必须在通氮保护下发生聚合反应，所以须在密封的反应釜中进行，由于反应产物黏度很高，甚至成为固体，这就导致了聚合产物出料难的问题。因此，本体聚合法用旧工艺不能实现工业化生产，只能在实验室做小规模试验，有时甚至还要破坏反应的容器才能取出此反应物。

为此，我发明了不通氮可家庭式或规模化工业生产高吸水树脂的新工艺，此专利名称为“一种聚丙烯酸盐高吸水树脂新工艺”(发明专利号：ZL02106374.5)，避免了过去工艺的上述所有缺点，且无废物排出，反应底物彻底聚合干净，还比较节能，因此是完全环保的，这就是本工艺的可贵之处。我们的新工艺，由于能实现本体聚合反应，能比水溶液法提高生产效率 4 倍以上，能比其他工艺如反相悬浮聚合法提高生产效率 2.5 倍左右。新工艺的设备投资只有过去的 1/4，工艺过程简单，产品成本低。设备简化到使这种高科技产品，能在农村实现家庭式生产根灌剂。所以说，该发明是化学聚合工艺上的创新性重要突破，完全符合“节能减排、保护环境”的理念。在2002年3月3日我申请该专利之前，其他人没有一个能以工业化用本体聚合法生产高吸水树脂，因此该新工艺获得发明专利，属国际领先水平。

本专著的难点亦是本书独有的特点在于：①克服本体聚合法反应热的排出问题。②克服本体聚合法聚合产物的出料问题。③解决了工业化生产的产品质量能保持与实验室生产的产品质量同样好的水平。④能不用人为的能源在农村实现家庭式生产根灌剂的简化设备，达到节约能源的目的。这个新工艺，笔者花了十年时间研读化学、化工后才悟出来的。本书将介绍此新工艺，其难度是要深入浅出，使农民能看懂本书的叙述。⑤解决了纳米级高吸水树脂生产新工艺。⑥解决了永不褪色的彩色高吸水树脂生产新工艺。⑦ 解决了适用于本体聚合反应的生产设备。⑧解决了适合本体聚合反应的高吸水树脂的配方。

据此，构成了本书的各个章节。

第一章，能工业化用本体聚合法生产高吸水树脂的新工艺（发明专利号：ZL02106374.5）。本章包括根灌剂的作用机制，旧的工艺过程难以克服本体聚合法的困难，能实现本体聚合的新工艺。

第二章，与本体聚合法相适应的设备。本章介绍了适用于本体聚合反应的农家与工业化生产的设备，生产永不褪色的高吸水树脂彩晶的设备。

第三章，生产根灌剂与纳米级吸水剂的新工艺。本章介绍了农家无须人为能源自制根灌剂的新工艺，工业化生产根灌剂与纳米级吸水剂的新工艺，还介绍了生产种子包衣的新工艺。

第四章，生产永不褪色的高吸水树脂彩晶。本来彩色高吸水树脂加水吸胀后都要褪色，还有各种颜色之间都会混起来；我们用新工艺生产出来的永不褪色的高吸水树脂，没有上述缺陷。另外，还介绍了带夹套的花盆（专利号：ZL02288070.4），是专门用来放彩色高吸水树脂，起到装饰作用。

第五章，制造根灌剂与吸水剂的原料和辅料以及其调制。本章介绍了聚丙烯酸盐高吸水树脂的原料及辅料，并介绍了原料的调配。

第六章，适合本体聚合反应的配方。本章介绍了配方原则及各系列的精选配方。

本书主要内容有六章，还有序、前言、主要参考文献、后记、作者简介等内容。

在该书出版之际，我要衷心感谢所有帮助过我的人们：特别要感谢徐光宪院士和我校的谭照耀书记、武耀廷校长的大力支持与关怀，李钦编审和我患有癌症的妻子季静秋教授在我的书出版中功不可没。

冯晋臣

目　　录

第一章　能工业化用本体聚合法生产高吸水树脂的新工艺

一、根灌剂的作用与机制

(一)吸水保水剂概述

吸水保水剂(SAP)是一类功能性高分子聚合物,英文全称为 Super Absorbent Polymers。这类物质含有大量结构特异的强吸水基因,它能吸收自身重量几百倍至上千倍的蒸馏水,溶胀成为半固态水凝胶,不能用一般物理方法将水挤出,加热也不易蒸发,而后慢慢释放水分,并可以反复释放和吸收水分,有很强的保水性(图 1-1)。应用涉及多个领域,现主要介绍它在农林方面的应用。

(二)吸水保水剂(根灌剂)的吸水与保水机制

根灌剂是专用于农林生产的吸水保水剂,在国内少之又少,亟待研制与开发。保水剂英文名是 Water－retaining agert,是国内外对农用 SAP 的统称,它与其他用处的 SAP 在合成原料和性能上有所区别。在化学上,保水剂称为“高吸水、保水树脂”,在分子中带有大量的羟基、羧基或酰胺基等亲水基因,又是一种交联的三维体型网状结构,遇水后网状结构撑开,蓄水空间增大,持水能力增强,它所吸持的水分主要保持在 0.1～0.5 Bar 低吸力范围,在 15 Bar 吸力内的土壤水分

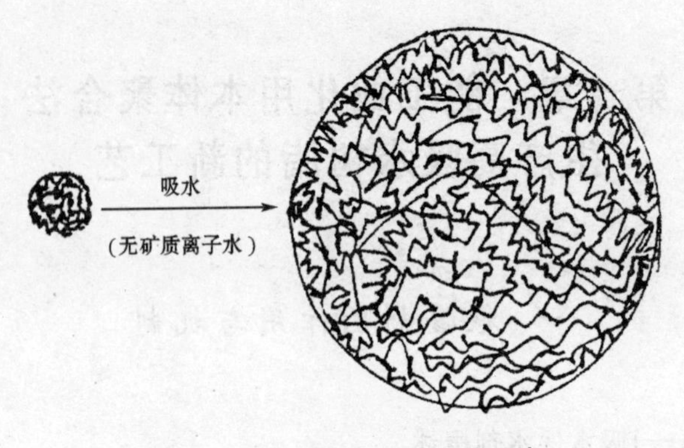

图 1-1　吸水保水剂吸水溶胀示意

植物都能很好地吸收利用。保水剂吸持的水分被包裹在无数微小胶囊内，能大大降低水分的自然蒸发率。施入土壤中的保水剂，保水时间可达 60 天以上。吸收水分的多少，不受温度的影响。农用吸水保水剂的 pH 值一般为中性（弱酸性或弱碱性），产品无毒，使用安全。电解质如 $NaCl$、K_2SO_4 等会使吸水剂的吸水性下降，但像尿素之类的非电解质少影响吸水剂的吸水性（图 1-2）。故在盐碱地区的硬（苦）水，因 $CaCl_2$、$MgSO_4$ 含量高会使根灌剂吸水倍数与使用寿命降低很多。见表 1-1。

表 1-1　不同类型吸水保水剂吸水倍数(D)及其与标准吸水倍数之比(d)

测试条件		玉米淀粉接枝型		丙烯酰胺-丙烯酸盐共聚物型		聚丙烯酸盐型		丙烯酸盐-淀粉接枝型	
类别	项目	D (g/g)	d (%)	D (g/g)	d (%)	D (g/g)	d (%)	D (g/g)	d (%)
盐溶液(浓度1%)	硫酸钾	36.6	15.28	20.8	18.54	41.8	7.39	45.8	15.44
	碳酸氢钠	37.6	15.70	23.6	21.03	55.4	9.94	59.0	19.89
	氯化铵	39.2	16.37	19.0	16.93	24.4	4.38	36.4	12.27
	磷酸氢二铵	35.6	14.86	19.0	16.93	38.8	6.96	46.8	15.78
肥料溶液(浓度1%)	尿素	68.2	28.48	79.0	70.41	291.0	52.21	169.2	57.04
	硫酸钾	36.6	15.28	20.8	18.54	41.8	7.50	45.8	15.44
	硫酸铵	41.0	17.12	22.6	20.14	46.8	8.40	23.2	7.82
	氯化铵	39.2	16.37	19.0	16.93	24.4	4.38	36.4	12.27
	磷酸氢二铵	35.6	14.86	19.0	16.93	38.8	6.96	46.8	15.78
	黄腐质酸(旱地龙)	45.0	18.79	30.2	26.92	42.0	7.57	60.2	20.30
酸碱溶液(pH值)	盐酸(5.5)	157.04	65.57	71.6	63.81	218.7	39.24	172	57.99
	硫酸(5.5)	98.8	41.25	86.0	76.65	397.6	71.33	160.2	54.01
	蒸馏水(7.0)	239.5	100.00	112.2	100.00	557.4	100.00	296.62	100.00
	氢氧化钠(8.0)	110.8	46.26	106.2	94.65	385.2	69.11	226.6	76.39
	氢氧化钙(8.0)	94.91	39.63	86.13	76.76	223.45	40.09	184.15	62.08
土壤(pH值)	草炭土(6.0)	80.79	33.73	79.40	70.77	189.20	33.94	157.82	53.21
	黄壤土(6.5)	88.87	37.11	110.33	98.33	259.17	46.50	186.42	62.85
	黑土(7.0)	103.2	43.09	48.0	42.78	141.2	25.33	119.8	40.39
	盐碱土(8.0)	70.8	29.56	39.6	35.29	108.0	19.38	97.8	32.97
	黄沙(6.5)	113.45	47.37	64.33	57.34	276.70	49.64	173.23	58.40
标准吸水倍率(蒸馏水,pH值7.0)		239.5	100	112.2	100	557.4	100	296.62	100

注：1. 除丙烯酰胺-丙烯酸盐共聚物之外，其他吸水保水剂均为国产的

2. 表中数据表明，丙烯酰胺-丙烯酸盐共聚物、聚丙烯酸盐吸水性能少受外界水肥条件的影响，性能比较稳定

3. 表中数据表明，不同土壤最好用不同的吸水保水剂

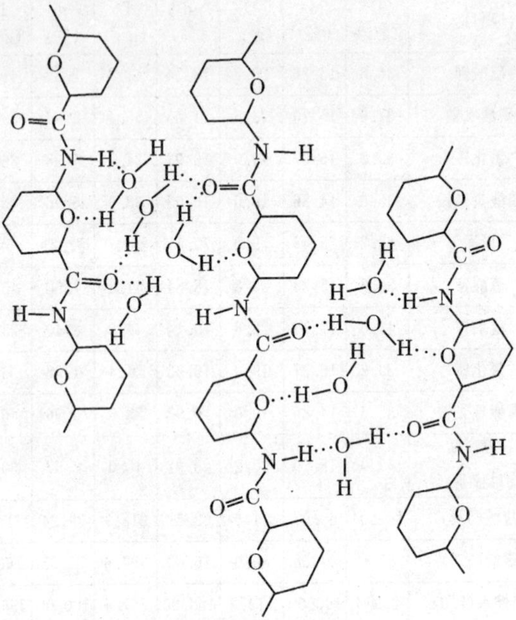

图 1-2　吸水保水剂中亲水性微区中的吸水形态模式

目前，国际上有两大类农用 SAP，即淀粉接枝丙烯酸盐共聚交联物和丙烯酰胺-丙烯酸盐共聚交联物。粒状聚丙烯酸盐吸水剂使用寿命长达几年，如果其盐完全是钠型的，则对植物和土壤带来不利，钠在一定含量下，尚可使用。淀粉是天然高分子，便宜但易于降解，其吸水能力比聚丙烯酸盐差，使用寿命仅 2～3 个月。根灌剂合成，就是综合了上述成分的特点优化组合的结果。

(三)吸水保水剂对植物的作用

具有先进水平的吸水保水剂，应是对环境无污染、无毒副作用的高科技绿色产品。它具有吸水、保水、抗旱、保墒、节水等功能，还能供给植物生长所需的多种营养元素，同时对农药、化肥等能起到吸附与缓释作用，能增强作物抗逆性。可促进土壤团粒结构的形成，提高土壤吸水性、透气性，减少土壤昼夜温差，从而为植物种子发芽、发育、生长提供良好的微生态环境，相当于在种子、根系周围设置了一个小的水肥库。

(四)如何选择吸水保水剂

评价吸水保水剂不但要看其组成、吸水倍率、速度，更要看其凝胶强度。这主要指拌土使用的吸水保水剂在吸足水后有无一定的形状。凝胶间不粘连，这是表示寿命和提高透气性的关键。一般来说，吸水倍率、速度与凝胶强度间互为矛盾。吸水倍率和速度越高，保水剂凝胶强度越差，寿命也越短。国际上更注重加压下(保水剂一般要掺入表土 5cm 以下的土层中)的吸水倍率。聚丙烯酸盐保水剂依粒度不同，加压下吸水 150～300 倍。如果某个公司介绍其产品吸水倍数超过 600，你就要吸水试验一下，是不是 1 周内就变成稀汤。如果表面看不出什么问题，为谨慎起见，除请教有关专家和索要无毒报告(经中国预防医学科学院毒理检验)，还要进行直接吸水试验，观察可否反复吸水放水，吸足水后凝胶有否一定强度，有否较多孔隙。如果有孔隙，根系方可穿透，水利用率就高。只要经过 2～3 个月的室内反复吸水放水观察，就可断定其真假与优劣。

(五)冯氏根灌剂简介

1. 执行标准　Q/T SKW1—2005。

冯氏根灌剂即专用于农林的高吸水树脂(吸水保水剂),商品名为旱地神。无毒、无害、无臭。能吸收并保存自身重量数百倍至上千倍的水分,雨时贮水,旱时释水,成为植物根部的小水肥库,促进植物速生丰产。它可与任何肥料、农药配合使用,同时能吸附它们,使之缓慢释放,提高利用率,适用于一切作物尤其是旱地作物——瓜菜、果树(鲜果、干果)、林木、园林、园艺、花卉、草坪和城市绿化及改造沙漠等,为干旱地区脱贫致富带来福音。

根灌剂中的旱地神分为两种形式:一种是软块状(块状旱地神),吸水倍率200以上,价格比较便宜,适用于当地使用和内销;一种是干(颗)粒状(粒状旱地神),吸水倍率400以上,适宜远销和外销。

2. 主要成分　聚丙烯酸盐。

3. 使用效果　与国家级科技成果和发明专利“根灌”(成果编号97100401A,发明专利号ZL97103541.5)配套使用,用量最省、效果最佳,故名“根灌剂(胶)”。见表1-2。

表1-2　不同灌溉方法抗旱节水效果比较

灌溉方法	旱季每月每667m²用水量(m³)	地面蒸发	地下渗漏
用“根灌剂”的根灌	2～12	少	少
渗　灌	20	少	多
滴　灌	50以上	多	少
雾　灌	50以上	多	少
漫　灌	100以上	多	多

冯氏根灌剂(吸水保水剂)与根灌法配套使用,在节水的前提下,一般可增产 20%~80%,净收入(扣除成本)也可相应增加。

4. 参考用量及使用说明 见表1-3。

表 1-3 根灌剂参考用量及使用方法

<table>
<tr><th colspan="2">使用对象</th><th>参考用量</th><th>使用方法</th></tr>
<tr><td colspan="2">作物密度在每667m²5000株以上</td><td>每 667m² 用 2~3kg</td><td>将吸水保水剂干品与肥料混合后均匀地洒在地面,然后用旋耕机翻至地下 15cm 左右,充分浇水,即可种植</td></tr>
<tr><td colspan="2">大棚或露田瓜、菜与豆类</td><td>每 667m² 用 2kg</td><td rowspan="9">用根灌法:将吸水保水剂干品用数百倍的水(雨水最好,或河水、井水)浸泡 12h 后即成水凝胶块,把它放在种植沟的底部(约 1~2cm 厚),其上铺农家肥,上面再铺有机垃圾或秸秆、杂草、树叶、中药渣等,再覆土 10cm 厚。每隔 1~2m 留一个根灌孔,孔底直达有机垃圾及秸秆等层面,用于灌施水肥和农药,并起通气作用。也可直接施吸水保水剂干品在种植沟底部,根灌处理结束时要浇透水。种植沟在植物毛细根最密集的地方,视环境情况定期浇水</td></tr>
<tr><td rowspan="2">果　树</td><td>幼龄</td><td>25g 左右/株</td></tr>
<tr><td>成年</td><td>40g 左右/株</td></tr>
<tr><td colspan="2">甜瓜、香瓜、南瓜、北瓜、西瓜、哈密瓜、冬瓜等</td><td>每 667m² 用 2~3kg</td></tr>
<tr><td rowspan="3">植树造林</td><td>大苗</td><td>20g 左右/株</td></tr>
<tr><td>中苗</td><td>15g 左右/株</td></tr>
<tr><td>小苗</td><td>10g 左右/株</td></tr>
<tr><td colspan="2">大树移栽</td><td>据土坨大小而定,土坨下部的 1/3 处要置于根灌剂水凝胶中</td></tr>
<tr><td colspan="2">改造沙性土壤及盐碱地</td><td>每 667m² 用 3kg 左右,沙漠地带一律倍增</td></tr>
</table>

续表 1-3

使用对象	参考用量	使用方法
花卉、盆景	直径 25cm 的花盆每盆 3g 左右	将吸水保水剂干品按规定量与盆土混合均匀，然后装入花盆或花坛底部，上面再放土种植花卉，最后充分浇水。每浇透一次水可保持 3 周不浇水，最好能留根灌孔
花　坛	每平方米 100g 左右	
城市草坪	每平方米 3～4g，地处沙漠的城市用量倍增	将吸水保水剂干品浸水成水凝胶，像贴瓷砖那样，在地面均匀地涂抹水凝胶，然后将草皮铺上去，定期浇水即可

二、开发高吸水树脂的意义及市场前景

(一)开发高吸水树脂的意义

1. 水是人类最宝贵的天然财富　水在自然界里分布很广，江、河、湖、海约占地球表面积的 3/4，地层、大气中以及动物、植物的体内都含有大量的水。例如，人体含水约占体重的 2/3，鱼体含水达 70%～80%，某些蔬菜含水甚至达 90% 以上。水是生物生存的条件，没有水就没有生命。水对于农业和工业生产及国民经济各部门的发展也具有极为重要的意义。农业上需要水来灌溉农田园地；工业上也需要利用水来溶解物质，制造化肥、农药、塑料、合成纤维和橡胶等各种各样的工业产品。

水可以为人类造福，也会给人类造成灾难。如洪水、干旱等会毁灭生命。而工业生产中的废渣、废气、废液和城市生活

污水的任意排放，农业生产中农药、化肥的任意施用，都会造成水的污染。受到污染的水含有毒物或病菌，食用后会使人中毒、致病，甚至会致人死亡。工业生产中使用污染水，常会降低产品质量，甚至损害人类的健康。农业生产中使用污染水，农作物会受到毒害，轻者使产量降低、质量下降，重者危及生物的健康和生命。

因此，水的取得、保存、利用和排除，自古以来是人类长期与自然斗争的重要内容。

据美联社维也纳2000年3月22日电：联合国今天在纪念世界饮水日时警告说，到2025年，世界将有27亿人面临严重的饮用水短缺问题，并呼吁进行一场“蓝色”革命，利用海水开发新的饮水资源。

报告说，未来全球约有50亿人口将生活在饮用水短缺或没有饮用水的地区，“使地球近2/3的人口处在迫在眉睫的危机中”。这份报告由国际原子能机构在维也纳公布。该机构主任穆罕默德·巴拉迪说：“一个简单明了的事实是地球上的水是有限的，我们在水的使用上不能再放任自流了。不要以为水永远不会枯竭。”

报告说，估计现在已有11亿人得不到安全饮用水，25亿人口得不到适当的卫生用水，每年有500多万人死于由水滋生的疾病——相当于全球战争死亡人数的10倍。报告说，地球上的水只有0.3%是淡水，其中大多数在极地被冻成冰块或被埋在很深的地下无法开采。地球上星罗棋布的河流湖泊和水库看似很多，其实只相当于水桶中的一滴水。

世界气象组织说，水短缺最严重的地区是亚洲的沙漠和半干旱地区以及撒哈拉以南地区，部分原因是这些地区气候变化无常，而且人口无节制地增长。

2. 开发高吸水树脂的意义　高吸水树脂材料具有优异的性能，在工业、农业、食品、建筑、日用化工等领域已获得广泛应用，尤其是在农林园艺、医疗卫生等方面已成为不可缺少的材料。高吸水树脂材料可在农业、林业、水利等领域发挥抗旱保苗、增产增收、改良土壤、防风固沙、水土保持等多种功能，因而被国际上普遍认为是继化肥、农药、地膜之后第四个最有希望被农民接受的农用化学制品。

我国山多、丘陵地多，干旱、半干旱地区约占国土面积的51%，水土流失严重，土地荒漠化面积每年以2 460km^2的速度扩展，相当于每年损失一个中等县的土地面积。我国干旱缺水的地区涉及20多个省、自治区、直辖市，森林资源贫乏，森林覆盖率仅为13.92%。由于造林环境条件较差，在干旱区植树成活率仅为10%～30%，半干旱区为30%～50%，与国家要求植树造林成活率须达到85%以上差距甚远。因此，与干旱作斗争，节水保水，改善生态环境，抗逆减灾是一项长期而艰巨的任务。高吸水树脂材料在此领域可发挥重要作用。在此意义上，开发高吸水树脂材料对我国促进农林业的发展，改善生态环境，实施可持续发展战略均具有重要意义。

随着国民经济迅速发展，人民生活水平日益提高，生理卫生用品如妇女卫生巾、婴儿尿布、老人失禁巾、止血栓等的消费量越来越大。在西方国家，一次性尿片现在已基本上取代传统的尿片，这些消费品需要用耐盐性高吸水树脂做原料。在这个意义上，高吸水树脂材料的出现为广大妇女儿童带来了福音，为病人提供了方便。

在科学方面，开发高吸水树脂材料将大大丰富高分子材料科学、功能材料科学和有机化学，尤其是丰富功能高分子材料科学的内容，进一步促进高分子合成理论和高分子材料加工理论的发展，充实弹性凝胶理论的内容，尤其是高分子水凝胶理论的内容。高吸水树脂材料的研发还将促进医学、生物学、土壤学、环境科学、物理化学等相关科学领域的发展。

（二）高吸水树脂的发展史简介及市场前景

1. 国外情况 20 世纪 50 年代，科学家 Froly 通过大量的实验研究，建立了吸水性高分子的吸水理论，称为 Froly 吸水理论，为吸水性高分子的发展奠定了理论基础。

60 年代，亲水性交联高分子出现在市场，主要用于土壤保水剂，其吸水能力为材料自身质量的 10～30 倍。

超强吸水性树脂的出现是 1961 年美国农业部北方研究所 C. R. Russell 等从淀粉接枝丙烯腈开始研究，其后 G. F. Fanta 等接着研究，于 1966 年首先指出，“淀粉衍生物的吸水性树脂具有优越的吸水能力，吸水后形成的膨润凝胶体保水性很强，即使加压也不与水分离，甚至也具有吸湿放湿性，这些材料的吸水性能都超过以往的高分子材料”。该吸水性树脂最初在亨克尔股份公司（Henkel corporation）工业化成功，其商品名为 SGP（Starch Graft Polymer），至 1981 年已达年产几千吨的生产能力。当时美国企图以农业为中心积极推广应用，首先应用在土壤改良、保水抗旱、育种保苗等方面。

绿化沙漠和减少沙尘暴是高吸水树脂极有潜力的用途之一。如果这一项目成功，将预示着高吸水树脂用量的巨大增长，中东和北非的沙漠是主要的目标市场。为此埃及与日本通产省合作，建立了“高吸水树脂技术研究会”。从 1990 年春季开始，日本鸟取大学研究小组到埃及农场常驻，试验用各种成分的保水剂栽培黄瓜、番茄和棉花等。因为水浇到沙漠里，很快会渗漏与蒸发完，因此不可能种植物。如何有效利用水是埃及新农业的最大课题，高吸水树脂是解决这一难题的王牌；而吸足水的高吸水树脂与泥土混合后，放在沙漠里，由于水分被保存在高吸水树脂里面，很难渗漏与蒸发，因此植物的根系能从高吸水树脂里吸收水分而存活，从而达到绿化沙漠和减少沙尘暴的目的。在日本合作下，埃及投资5亿日元建成了高吸水树脂厂家，并于1994年2月投产，成为沙漠变绿洲的物质基础。另外，日本通产省为了这一项目也投资了10亿日元。以后新的研究为吸水性材料开辟了一个崭新的领域。国外高吸水性树脂率先制造厂家及其产量见表1-4，表1-5。

表1-4 国外高吸水性树脂主要制造厂家及其制品

生产厂家(公司)名称		商品名	制品组成
日本	荒川化学工业	アテリーブ	聚丙烯酸盐类
	花王石碱	ケンダーグル	聚丙烯酸盐类
	制铁化学	アケアキーフ	聚丙烯酸盐类
	日本触媒	AqualicCA	聚丙烯酸盐类
	クテレ	KR	聚乙烯醇-环状酸酐接枝共聚物 异丁烯-马来酸酐共聚物
	三洋化成工业	ザシゲエツト	淀粉-聚丙烯酸接枝共聚物
	住友化学工业	ヌシカゲル Sumikagel	乙酸乙烯酯-丙烯酸酯共聚物 聚丙烯酸盐
	日本ユクステソ	ランシール	丙烯纤维和丙烯酸盐类共聚物的复合纤维
	日本合成化学	GR AP	乙酸乙烯酯和不饱和烃酸类单体的共聚物 聚丙烯酸盐
	明成化学	アケアゲレン	环氧乙烷聚合物系列

续表 1-4

生产厂家(公司)名称		商品名	制品组成
美国	Buckeye Cellulose	CLD	羧甲基纤维素
	Hercules	Aqualon	羧甲基纤维素
	Dow Chemical	D. W. A. L	聚丙烯酸盐
	National Starch	Permasorb	羧甲基纤维素
	Chemdal	Liqui-Sorb™ CAB-DRY™等	聚丙烯酸盐
	Grain Processing	GPC	淀粉-聚丙烯腈接枝共聚物
	Henkel	SGP	淀粉-聚丙烯腈接枝共聚物
	Super Absorbent	Magic Water Gel	淀粉-聚丙烯腈接枝共聚物
欧洲	CECA	Cecagum	藻蛋白酸盐
	BASF	HySorb	聚丙烯酸盐
	Enka	Akucell	羧甲基纤维素
	Stockhausen	Favor	聚丙烯酸盐
	Unilever	Lyogel	淀粉-聚丙烯腈接枝共聚物

表 1-5　截至 2003 年 1 月全球高吸水性树脂生产能力举例

地　区	公司名称	生产能力(10^4 t/a)
日　本	日本触媒化工公司	14.0
	住友精化公司	4.3
	东亚合成化工	1.0
	花王	1.0
	San-Dia 聚合物	11.5

续表 1-5

地　区	公司名称	生产能力(10^4 t/a)
美　国	道化学公司	8.0
	BASF	16.0
	斯托克毫森公司(Degussa)	13.5
	NA 化学	6.0
欧　洲	道化学公司(德国)	7.0
	斯托克毫森公司(德国)	11.5
	BASF(德国)	12.5
	Atlfina(法国)	1.5
	Floerger	1.0
	日本触媒化工公司(欧洲)	3.0
亚　洲	中国台湾塑料	2.4
	BASF(泰国)	2.0
	Song Won(韩国)	0.5
	Kolon(韩国)	4.0
	住龙精化公司(新加坡)	3.3
合　计		124.0

1999 年,世界高吸水性树脂的消费总量为 80×10^4 t。其中,美国是世界最大的消费国,消费量 28×10^4 t,占世界消费总量的 35%,主要用于生产纸尿片、卫生巾等;日本消费量为 8×10^4 t,占 10%。随着高吸水性树脂应用研究的进一步深入,科学技术和生活水平的进一步提高,世界高吸水性树脂的消费总量将进一步提高。

2. 国内情况　我国高吸水材料的研究开发工作起步于

20世纪80年代。华南工学院张力田教授于1982年对国际上有关吸水树脂所取得的成就作了综述。1982年,中国科学院化学研究所的黄美玉等人在国内首先合成出聚丙烯酸钠高吸水性材料。

研究主要集中在吸水树脂的合成和性质方面,研究内容涉及到天然、合成及复合型高吸水材料,主要产品集中在聚丙烯酸盐、淀粉接枝丙烯腈共聚水解物、淀粉接枝丙烯酰胺、淀粉/丙烯酸盐类等系列上。但遗憾的是,我国这方面的基础研究、技术研究、应用研究与开发生产之间严重脱节,特别是规模化生产技术没有得到解决,使得吸水保水材料的开发应用水平低。与美、日、欧相比,在生产技术、产品吸水率、保水能力、耐盐性、耐久性、生产成本等方面均处于劣势。由于大部分实验室的成果要转化为规模化生产,往往会使得产品质量一落千丈。所以,从整体上看,我国的高吸水树脂材料生产目前处于发达国家20世纪80年代水平。我国这方面研究的论文不少,但都没能质变为大规模生产,因而相关的专利很少。

我国吸水性树脂已用于农业、林业、园艺、卫生用品、石油钻井及造纸等方面。

在农林、园艺方面,中国科学院长春应用化学研究所用高吸水性树脂研制生产的多功能种子包衣剂JP-1S已用于玉米、棉花、花生、高粱、药用植物、谷子、黄豆的种子包衣,其中玉米包衣播种面积最大,已达19 200hm^2。使用包衣播种可使庄稼早出苗、出全苗、每667m^2 节约种子量0.5kg,而产量提高10%~28%。我国是农业大国,使用种子包衣剂提高粮食产量具有重要意义。1993年,我国北方河北、山西、内蒙古、辽宁、吉林、黑龙江、陕西、甘肃、宁夏、新疆等省、自治区的玉米产量为5 816.9×10^4t,若使用种子包衣剂以提高15%产量计,则可增产 872.5×10^4t,有很好的经济效益。

在卫生用品方面,据调查,我国多数卫生巾生产厂家都是进口加有高吸水性树脂的卫生巾棉条用以生产卫生巾,而并不掌握直接在棉条上播涂高吸水树脂的技术,所以虽然我国生产含高吸水树脂的卫生巾很多,但直接使用高吸水性树脂的量很小,因此对于我国高吸水树脂的生产而言,有一个巨大的卫生用品市场可以开发。从我国第四次人口普查数据看,育龄妇女为 30 635 万人,以其中 20%的人每月使用 20 片卫生巾而每片卫生巾含 1g 高吸水性树脂计,每年就需用高吸水性树脂 1.47×10^4t。婴儿尿布用量也很可观,可用 1993 年数据来计算说明。1993 年我国总人口为 118 517 万人,出生率为 1.809%,即出生婴儿数为 2 143.97 万人,以 10%的婴儿每月使用 30 片尿布共 10 个月计,若每片尿布用 5g 高吸水性树脂,就需用 3 200t,若 50%的婴儿使用就达 1.6×10^4t。随着社会的老龄化,成人失禁尿布的用量也会增长,这也是高吸水性树脂的一个重要消费用途。

我国高吸水树脂的消费尚处于初级阶段,随着工农业生产的发展,人民生活水平的提高,可以断定高吸水性树脂的消费量必定会突飞猛进的增长,表 1-6 是我国率先工业化生产高吸水性树脂厂家的情况。

三、合成高吸水树脂的基本方法

(一)概　述

聚合反应是化学中最难的一种反应,即在一定条件如高温高压及引发剂或催化剂存在下,烯烃分子中的 π 键断裂,发

表 1-6　中国高吸水性树脂研制单位及其产品

单位及通讯地址	产品名称 商品牌号 主要成分	主要技术指标	突出优点 与用途	供货能力 投产时间 技术来源	未来发展设想
中国科学院长春应用化学研究所 长春市斯大林大街 109 号 邮编:130002 传真:685653 电话:0431－682 801－357 联系人:罗云霞 申家成	高吸水性树脂 S-13 系列 淀粉/丙烯酸(盐)共聚物	25～100 目各种粉剂和片材 吸水倍数 500～1000 吸童尿倍数 140 吸血液倍数 45 吸脲素(2.0%)倍数 420	吸水性强,保水性好,无毒无味无腐蚀,用于农、林、园艺及卫生用品	100t/a 1991 年 自行研制	1. 农、林、园艺专用多功能保水剂,化肥、农药缓释剂 2. 婴儿尿布、妇女卫生巾专用吸水材料 3. 堵水、止水材料
	高吸水性树脂 AG-13 系列 聚丙烯酸(盐)	吸水倍数 400～800 其他指标与 S-13 系列相同	吸水性强,保水性好,无毒无味无腐蚀,用于婴儿尿布、卫生巾等	100t/a 1993 年 自行研制	
电话:0431－682801－502 联系人:李淑华	高吸水性树脂 S-13-1 淀粉/丙烯酸共聚物	白色粉末 吸水倍数数百至1000 pH 值 6.0～8.0	无毒无味无腐蚀,用于农业、林业	保证供应 1991 年 自行研制	开发系列产品,应用到农业、林业、医疗卫生、化工及油田等方面
	高吸水性树脂 B-13-1 聚丙烯酸	白色粉末 吸水倍数数百至1000	吸水速度快,无毒无味无腐蚀,用于医疗卫生、卫生巾、尿布等	保证供应 1993 年 自行研制	
电话:0431－682801－502 联系人:季鸿渐	特种高吸水性树脂 JP-1 交联聚丙烯酰胺特种无机填料	45～60 目粉粒产品 重量吸水膨胀倍数 700 吸水速度 25 分钟达到最高值 产品吸水凝胶在水中浸泡 3 年未见明显变化,很少降解,不发霉,强度比纯交联聚丙烯酰胺或一般高吸水性树脂提高 2～3 倍,省级鉴定评价为“成果达国际先进水平”	突出优点: 1. 吸水凝胶强度高,便于工业使用,用于农业保水时间长 2. 生物和化学稳定性优于任何高吸水性树脂,可以长期重复使用,长时间有效 3. 生产成本低,仅生产原料成本就降低 45% 4. 最终降解生成的聚丙烯酰胺是土壤改良剂,能促进团粒土壤生成,防止土壤板结。用于农林业吸水保水抗旱(如种子包衣、植树蘸根)、污泥脱水、油品脱水、涂料增稠等	已建成年产 100t 的中试生产线,由于工艺简单,建厂投资少,可随时扩建或建新厂以保证供应 1992 年投产 自行研制	1. 在黄河以北布点,建 5 个生产厂 2. 继续研制耐盐高吸水性树脂,提高使用效果 3. 建立高吸水性树脂的研究,中试和应用研究基地

续表 1-6

单位及通讯地址	产品名称 商品牌号 主要成分	主要技术指标	突出优点 与用途	供货能力 投产时间 技术来源	未来发展设想
	多功能种子包衣剂 JP-IS 特种高吸水保水剂/高效生化营养素/复合农药/复合多元微肥	1. 吸水保水抗旱，土中含水量大于10%即可发芽出苗 2. 防止地下害虫，可节省农药费37.5元/hm^2 3. 早出苗，出全苗，每公顷节约种子用量7.5kg(玉米) 4. 用后可提高产量10%～28%，多数提高15%～18% 5. 省级鉴定评价"成果达国际先进水平"	突出优点： 1. 多功能：吸水保水抗旱，防止地下病虫害，增补作物特需的微肥 2. 不会产生药害，因为加入的各种药剂都藏于高吸水性树脂中，不与种子直接接触 3. 产品生产成本低，售价低，每公顷玉米种衣剂的价格为19.5～22.5元 4. 包衣方法简单易行，易于掌握 5. 使用效益高，投入产出比达1/27～1/50。已用于玉米、棉花、花生、高粱、中草药、谷子、黄豆的种子包衣，玉米包衣播种量最大，已达6000hm^2	已建成年产近7万hm^2种衣剂(以每日生产8h计)的中试车间，由于工艺简单，设备投资少，可以随时建厂满足供应 1994年2月投产 自行研制	1. 在北方各省布点建7个厂 2. 继续研究种衣剂生产新工艺
中国科学院兰州化学物理研究所 兰州市天水路236号 邮编:730000 电话:0931－8822871 联系人:胡靖	高吸水性树脂 LPA型 聚丙烯酸盐	吸去离子水倍数800 吸尿倍数60～70	吸水倍数高，速度快。用于石油钻井助剂、农林业抗旱保水剂、卫生巾、餐巾纸	150t/a 1987年投产 自行研制	建立年产数千吨的工厂
抚顺市化工研究设计院 抚顺市新抚区新城路中段11号 邮编:113006 电话:0413－772278 联系人:李学信	高吸水性树脂 FS-1 聚丙烯酸钠	浅白色颗粒，粒度任选 吸纯水倍数1000～1500ml/g 吸自来水倍率500～700ml/g 吸生理盐水(0.9%)倍率80～100ml/g	吸水倍率高，保水性能好。用于农林、牧、园艺抗旱保水、保鲜	100～200t/a 1988年投产 自行研制	开发吸水膜或吸水纸用于尿布、卫生巾，作为更新换代产品

续表 1-6

单位及通讯地址	产品名称 商品牌号 主要成分	主要技术指标	突出优点 与用途	供货能力 投产时间 技术来源	未来发展设想
	高吸水性树脂 FS-2 型 聚丙烯酸钠	浅白色颗粒，粒度任选 吸纯水倍率 600～800ml/g 吸自来水倍率 300～400ml/g 吸生理盐水(0.9%)倍率 80～100mlg/g	吸水速度快，保水性能好。用于婴儿尿布、妇女卫生用品等	100～200t/a 1988 年投产 自行研制	
黑龙江省科学院石油化学研究所 哈尔滨市中山路 164 号 邮编:150040 电话:0451－2623691 联系人:黄英	高分子吸水剂 淀粉/丙烯酸共聚物	吸去离子水倍数＞400	工艺过程简单，合成反应与烘干一步完成。用于婴儿尿布、妇女卫生巾、园林保水剂、农作物抗旱剂	实验室生产 10t/a 1984 年投产 自行研制	开拓应用市场，建立百吨级生产厂
太原有机化工厂 山西太原市南郊许坦东街 4 号 邮编:030031 电话:0351－775065,740063				50t/a	
化工部北京化工研究所 北京和平街北口 邮编:100013 电话:010－4216131－532	高吸水性树脂 聚丙烯酸钠盐	吸无离子水倍率 400～900ml/g 吸生理盐水倍率 30～80ml/g 吸水速率，前 3min 吸水量＞饱和吸水量的 80% 外观:白色微珠粒 水含量＜5%(wt) pH 值～7	吸水后仍保持颗粒状 妇女卫生巾、纸尿布、农业及园艺用保水剂、工业脱水剂和干燥剂等	尚未生产 自行研制 用反相悬浮聚合技术	尽快中试并转化为工业产品 该院 1988 年获得用稀水溶液聚合法制备高吸水性树脂的一项专利（专利号 85104864)，有 4 种牌号(QB－1500，QB－1000、QB－500 和 DQ－1000)成果，但未组织生产

续表 1-6

单位及通讯地址	产品名称 商品牌号 主要成分	主要技术指标	突出优点 与用途	供货能力 投产时间 技术来源	未来发展设想
化工部聚丙烯酰胺工程技术中心 (广州市精细化学工业公司) 广州市海珠区宝岗路 32 号 邮编:510240 电话:020－4415852,4449844	高吸水性材料 南中牌 丙烯酰胺/丙烯酸/丙烯腈三元共聚物	白色粉末或细颗粒状 固含量＞90% 游离单体含量＜0.05% 吸水率(10min 内)达自重的数百倍	化妆品、软膏、药物、洗涤液的增稠剂，留香纸、卫生巾、尿布的吸水剂，工农业生产用保水材料、土壤改进剂、长效化肥等	500t/a 1992 年投产	
江苏省无锡海龙卫生材料有限公司	淀粉接枝高吸水性树脂		尿不湿、妇女卫生巾	1000t/a 1994 年投产	

生同类分子间的加成反应，生成高分子化合物。这种类型的化学反应称为加成聚合反应，聚合的产物称为聚合物，参加聚合的小分子叫单体。

高吸水树脂的合成常采用自由基聚合。自由基聚合有本体聚合、溶液聚合、悬浮聚合及乳液聚合四种实施方法。

本体聚合：是指除单体之外只有少量引发剂或者没有引发剂的聚合。聚合过程可以是均相的，也可以是非均相的，主要决定于聚合体在单体中的溶解能力。

溶液聚合：是指单体和引发剂溶于适当的溶剂中进行的聚合。其特点是能转移反应中的聚合热。同样，溶液聚合可以是均相的，也可以是非均相的，主要决定于聚合体在单体溶液中的溶解能力。

悬浮聚合：是指单体以液滴状悬浮于水中的聚合。体系由单体、水、引发剂、分散剂组成，在反应机制上类似本体聚合。每个液体小珠相当于一个本体聚合单元。一般聚合物都不溶于水，因而悬浮聚合都属于非均相聚合。

乳液聚合：是单体和水由乳化剂配成乳液状态所进行的聚合。体系基本是由单体、水、引发剂、乳化剂组成。乳液聚合是在微小的胶束和乳胶粒中进行的。

烯类单体采用上述四种方法进行自由基聚合时，配方组分、聚合场所、聚合机制如表 1-7 所示。

表 1-7　四种聚合方法的比较

项　目	本体聚合	溶液聚合	悬浮聚合	乳液聚合
配方主要成分	单体、引发剂	单体、溶剂、引发剂	单体、引发剂、水、分散剂	单体、引发剂、水、乳化剂

续表 1-7

项　目	本体聚合	溶液聚合	悬浮聚合	乳液聚合
聚合场所	本体内	溶液内	液滴内	胶束和乳胶内
聚合机制	遵循自由基聚合机制，提高速率的因素往往使分子量降低	伴有向溶剂的链转移反应，一般分子量较低，速率也较低	与本体聚合反应相同	能同时提高聚合速率和分子量

(二)本体聚合法——最理想的聚合反应

所谓本体聚合，是单体本身或加入少量引发剂或催化剂，加热后产生链引发的聚合反应。

1. 本体聚合法的优点　主要有：

其一，实施工艺流程短、工艺简单、设备少、生产速度快、成本低。

其二，由于不加入其他杂质，得到的产品纯度高。

其三，易根据成型要求制成各种形状的产品。所以本体聚合法是最理想的聚合生产工艺。

2. 实现本体聚合法的主要困难

(1)反应热的排出问题　本体聚合反应的反应热相当大。现有工艺必须在通氮保护下发生聚合反应，所以须在密封的反应釜中进行，而本体聚合法无散热介质，随着反应的进行，反应温度相继升高，体系的黏度增大，反应热排除更加困难，更由于凝胶效应，容易造成局部过热，分子量分散性变宽，导致降低产品的溶胀性、机械强度等质量与性能，严重时将发生爆聚甚至爆炸，因此本体聚合法难以实现大规模工业化生产。

(2)聚合产物的出料问题　现有工艺必须在通氮保护下发生聚合反应，所以须在密封的反应釜中进行，由于反应产物黏度很高，甚至成为固体，这就导致了聚合产物出料难的问题。因此，本体聚合法用现有工艺不能实现工业化生产，只能在实验室做小规模试验，有时甚至还要破坏反应的容器才能取出此反应物。

(三)溶液聚合法

溶液聚合法是反应性单体和添加剂溶于适当的溶剂，在光、热、辐射、引发剂(或催化剂)的作用下，生成高聚物的方法。

溶液聚合法由于有溶剂的存在，使得体系的黏度较低，混合和传热比较容易，温度比较容易控制，不会产生局部过热。因此，溶液聚合反应的热控制要比本体聚合反应容易得多；引发剂、催化剂、交联剂等其他添加物比较容易均匀分散，引发和交联的效率较高，产物的分子量分布比较窄，分子量比较均匀，容易得到粉末状、纤维状、膜状、海绵状等多种形式的产品。

但也由于溶剂的存在，使得单体的浓度比较低，聚合反应进行的速率较慢；由于活性链向溶剂转移，使聚合物的分子量较小，聚合度与溶剂和单体的比值呈线性关系，即与链转移速度常数有关。由于溶剂的存在，使得一些溶剂包含在聚合产物中，有时难以除去，影响产品质量；此外，溶剂的回收也是一个问题。与乳液聚合法相比，溶液聚合法容易引起火灾，生产不安全，容易造成环境污染。

溶液聚合法的聚合产物经过滤、洗涤、干燥、粉碎、筛分等工序得到最终产品。如一种溶液聚合法，原材料是丙烯酸、引发剂、交联剂等均溶于水和乙醇的混合溶液中，由于得到的交联聚丙烯酸不溶于混合溶液，因而不断地从溶液中沉淀出来，经过滤、洗涤、干燥、粉碎、筛分等工序得到粉末状产品，这是制造高吸水性材料的一种重要方法。

溶液聚合法分为水溶液聚合法与有机溶液聚合法。水溶液聚合法是同时加入单体、中和物和交联剂，只不过该法聚合和交联是同时进行的。

水溶液聚合法是将水溶性单体、交联剂和引发剂在水中溶解形成分布均匀的溶液置于反应器中，通氮气排除溶解在反应液中的氧气，在一定的温度条件下进行聚合交联。得到的是凝胶状弹性体产品，切碎、烘干、粉碎成所要求的粉末状产品。水溶液法具有方法简单、体系纯净、交联结构均匀的特点，产物为团状，需要烘干、粉碎等后处理工序，尤其是该体系中含水量较大，烘干费时、耗能大。

有机溶液聚合法与水溶液聚合法相类似，只是产物要洗净，除去有机溶剂。

（四）悬浮聚合法与反相悬浮聚合法

1. 悬浮聚合法　悬浮聚合是借机械搅拌或剧烈振荡和悬浮剂的作用，使单体呈分散液状分散于悬浮介质中进行聚合反应的方法，因此又称为珠状聚合。每个小的液滴，实际上是个微小的本体聚合装置，所以它的反应机制及动力学在相同条件下与本体聚合基本上相同。悬浮聚合的单体不溶于分散介质，其产物也不溶于分散介质，为防止液珠相互黏结聚集成团，须加入悬浮剂（也称为分散剂或稳定剂）。分散溶剂一般采用水为分散介质，引发剂应采用可溶于单体而不溶于水的油性引发剂。悬浮聚合体系一般由单体、油性引发剂、水、分散剂等四部分组成。

悬浮聚合的主要优点是反应热通过介质容易传出，温度较易控制，所得聚合物的分子量较大，质量均匀、纯净。一般用水作反应介质，不易出现火灾、爆炸，从反应介质中分离聚合物并不难，但产品经常带有少量的分散剂残留物，产品纯度不及本体聚合。

在反应过程中，单体均匀地分散在水相中，并始终保持稳定的分散状态是悬浮聚合顺利进行的关键。

生产中常出现的问题是液滴聚集，特别是在反应过程中的初期所生成的聚合物被单体溶胀后，溶液易发黏，在流动中单体易黏结成大的颗粒，控制不好易结块。在反应后期，液滴中残留的单体不多，逐步由半固态变成较硬的粒子，不易黏结。因此，在反应初期控制体系的分散和搅拌速度显得特别重要。

在悬浮聚合过程中，为了防止早期液滴间和中后期聚合物颗粒间的聚集，体系中常加有分散剂或稳定剂。除了主分散剂外，有时还添加少量表面活性剂，进一步降低界面张力或使无机粉末表面润湿，帮助液滴分散。

分散剂的作用主要有两方面：一是降低表面张力，帮助单体分散成液滴；二是保护能力，防止粒子聚集。因为聚合进行到一定转化率（例如20%～30%），单体变成聚合物/单体溶液粒子，有聚集趋向。分散剂吸附在粒子表面，起到防聚集的作用。

悬浮聚合一般在聚合釜内进行。典型的悬浮聚合体系，是在湍流搅拌与分散剂的作用下，含有油活性引发剂的一种或多种单体，在水中形成分散—聚并动态平衡的稳定分散液，在聚合开始后，随转化率增加，分散相黏度随之增大，导致聚并与分散速率的变化，引起粒子聚并，粒径增长，直至分散相黏度达到足够高，聚并停止，粒径不再增长。此后，粒子恒定，聚合在粒子内部进行。

聚合物的生产过程除了聚合本身以外，还有前准备和后处理。前准备包括单体的精制和助剂的配制，后处理涉及过滤或离心分离、干燥等。虽然这些都有可能影响产物的质量指标，但聚合是关键工序。

聚合是强放热反应。如果不能及时散热，可能会造成温度失控而爆聚。因此，早期尽可能增加传热面，选用高径比较大的瘦长型聚合釜，以提高单位体积的比表面积。

2. 反相悬浮聚合法 反相悬浮聚合法是以油性物质为分散介质，将分散剂及助分散剂溶解在油相中，在氮气保护下加热至反应温度，再滴加配好的待聚合的单体液，依靠悬浮稳定剂的作用分散在油相中，单体水溶液在强力搅拌剪切力的作用下，单体液层中大的液滴被分散成小液滴，形成油包水(W/O)的悬浮液，由于表面张力的作用，液滴呈微球状。在一定的搅拌强度和界面张力下，大小不同的液滴在分散和凝聚之间构成一定的动态平衡，最后达到一定的平均细度。采用水溶性引发剂在水相中发生聚合反应，当聚合反应进行到一定程度(20%～70%)后，液滴变得具有很大的黏性，两液滴碰撞时，往往黏结在一起，难以打散，结果很快就黏结成大块，这是发黏阶段(也称危险期)。为了防止液滴相互黏结，实验中要加入一定量的悬浮稳定剂(又称分散剂)。当转化率达到60%～70%及以上时，液滴变成固体粒子，就没有黏结成块的危险。有时需共沸脱水，继续进行反应至结束，得到含水率较低的聚合物。然后悬浮液进行分离、过滤、洗涤、干燥等一系列工序后得到高吸水性材料。

归纳起来，反相悬浮聚合工艺主要分三个部分：聚合、分离和聚合物后处理。在聚合工序，丙烯酸用氢氧化钠部分中和，分散到脂肪烃溶剂中，在引发剂和保护胶体存在下聚合；在分离工序，聚合物溶液经干燥并冷却，水和溶剂混合物蒸馏回收，溶剂循环使用；在后处理工序，固体聚合物送到贮藏仓，根据需要混合并包装。通过反相悬浮聚合法获得的高吸水材料具有粒径分布均匀、吸水速度快、不需要粉碎工序、后处理简单等优点，但也存在溶剂回收、悬浮液稳定性不易控制等问题。

反相悬浮聚合体系一般由单体、引发剂、分散介质、分散剂四个基本组分组成。该法所采用的单体反应物应是亲水性的或水溶性的物质，引发剂、催化剂等也是水溶性的。除此之外，其他方面均与悬浮聚合法大体相同。该法的后处理与之主要不同之点是产物除了要去除反应低分子物以外，还要除去其中所夹带的溶剂。因此，不但要回收反应低分子物，而且要回收溶剂。

反相悬浮法是合成高分子吸水材料的重要方法之一，这是因为高吸水树脂的制备其单体原料大部分是亲水性的。

3. 悬浮聚合法与反相悬浮聚合法的区别 反相悬浮聚合与悬浮聚合不同。悬浮聚合法采用油溶性单体，水为分散介质，单体液滴分散于水中，形成水包油(O/W)型稳定分散液滴，所采用的引发剂为油溶性的，单体引发、链增长、链终止在油相液滴中进行；反相悬浮聚合法则相反，单体溶于水(为亲水性单体)，以液滴方式分散在油的分散介质中，形成油包水(W/O)型稳定分散液滴，所采用的引发剂为水溶性的，单体引发、链增长、链终止均在水相液滴中进行。

(五)乳液聚合法与反相乳液聚合法

1. 乳液聚合法　乳液聚合是油性单体用水或其他液体作介质，在强烈的搅拌作用和乳化剂的乳化作用下，按胶束形成胶粒的机制生成彼此孤立的乳胶粒，在其中进行自由基加成聚合或离子加成聚合来生产高聚物的一种方法。体系至少由单体、水、乳化剂和溶于水的引发剂四种基本组分组成。有时为了控制产物的分子量，还加入分子量调节剂等添加剂。

乳液聚合法的反应速度和分子量同时提高，粒子直径为0.05～0.15μm，比悬浮聚合粒子直径50～200μm小得多，最终产品可以是乳液，也可以破乳制成粒状粉体。乳液聚合法不仅反应速度快、分子量高，而且各种不同性能的单体均可聚合，或相互共聚，也可以单体与单体、单体同大分子进行共聚，极性不同、活性差别大的、水溶性不同的单体也可用此法进行共聚。

单体聚合反应放热量很大，在聚合物过程中，反应热的排除是一个关键性的问题。它不仅关系到操作控制的稳定性和能否安全生产，而且严重地影响着产品的质量。

对乳液聚合过程来说，聚合反应发生在水相内的乳胶粒中，尽管在乳胶粒内部黏度很高，但由于连续相是水相，使得整个体系黏度并不高，并且在反应过程中，体系的黏度变化也不大。在这样的体系中，由内向外传热就很容易，不会出现局部过热，更不会爆聚。同时，像这样的低黏度系统容易搅拌，便于管道输送，易实现连续化操作。

另外，大多数乳液聚合过程都以水作介质，避免了采用昂贵的溶剂以及回收溶剂的麻烦，同时减少了引起火灾和污染的可能性。乳液聚合反应机制与动力学的过程与其他方法有着极为明显的不同，此法生产高分子材料可以用间歇法，也可连续法生产。由于这些优点，决定了它具有很大的工业意义，是进行大规模生产的首选方法。乳液聚合已成为生产粉末状高吸水性材料最重要的方法。

乳液聚合也有其自身的缺点。在需要固体聚合物的情况下，必须经过凝聚、洗涤、脱水、干燥等一系列后处理工序，才能将聚合物从乳液中分离出来，这就增加了生产成本。再者，尽管经过了后处理，但产品中的乳化剂也很难完全除净。与本体聚合相比，乳液聚合、溶液聚合和悬浮聚合的一个共同缺点是，由于介质和溶剂的加入而减少了反应器的有效利用空间。例如，对于典型的工业乳液聚合反应过程来说，单体约占总体积的40%。在这种情况下，反应器的有效体积为单体本身所占体积的2.5倍，设备利用率低。

乳液聚合机制：乳胶粒是由胶束形成的。乳液聚合的聚合反应发生在乳胶粒中。因为在乳胶粒表面上吸附了一层乳化剂分子，使其表面带上某种电荷，静电斥力使乳胶粒不能发生相互碰撞而合并在一起，这样就形成了一个稳定的体系。无数个彼此孤立的乳胶粒稳定地分散在介质中，在每个乳胶粒中进行着聚合反应，都相当于一个进行间断引发本体聚合的小反应器；而单体液滴仅仅作为储存单体的仓库，单体源源不断地由单体液滴通过水相扩散到乳胶粒中，以补充聚合反应中单体的消耗。

2. 反相乳液聚合法　反相乳液聚合法是将水溶性单体（如丙烯酰胺）配成水溶液，借助油溶性乳化剂辅以搅拌作用，使在非极性有机介质中分散成微小液滴，形成油包水（W/O）型乳液，这种乳液的分散相和分散介质恰好与水包油型（O/W）乳液的有机分散相和水作分散介质相反，因此被称作反相乳液。反相单体乳液经水溶性或油溶性引发剂引发聚合，形成反相聚合物胶乳，这种聚合方法被称为反相乳液聚合。

反相乳液聚合体系主要包括水溶性单体、水、油溶性乳化剂、非极性有机溶剂、水溶性或油溶性引发剂等。

反相乳液聚合的引发剂可以是油溶性，也可以是水溶性，如过硫酸钾等。

水溶性单体进行水溶液聚合时，即使浓度较低(<10%)，在中后期体系的黏度也很高，传热和搅拌混合都困难，很难制得高分子量的聚合物。反相乳液聚合则可克服这一缺点，并兼有高聚合速率和高分子量的优点，且反应条件温和，副反应少，可制成粉状或胶状产物。由于这些优点及制造吸水性材料的单体多为亲水性物质，因此反相乳液聚合用得较多。使用反相乳液聚合法也有缺点，如乳液不稳定，溶剂需要回收等。

3. 乳液聚合法与反相乳油液聚合法的区别 反相乳液聚合法与乳液聚合法也不相同。乳液聚合法，是油性单体用乳化剂，在水中经搅拌成乳液，使单体油液滴稳定分散在水中，形成水包油(O/W)型乳状液。采用水溶性引发剂。聚合时，水溶性引发剂在水中分解成初级自由基后，迅速扩散进入单体增溶胶束内(单体液滴)，进行链引发、链增长、链终止，随着聚合反应的进行，逐渐变成高聚物增溶胶束，最后得到聚合物粒子。反相乳液聚合则相反，是水溶性单体用乳化剂在油相(油性介质)中经搅拌成乳液，使水相单体液滴(单体增溶胶束)稳定分散在油中，形成油包水(W/O)型乳状液。采用油溶性引发剂。聚合时，油性引发剂在油中分解成初级自由基后，迅速扩散进入单体增溶胶束(单体液滴)内，进行链引发、链增长、链终止，随着聚合反应不断进行，最后得到聚合物粒子。值得注意的是，反相乳液聚合与乳液聚合采用乳化剂不同，前者采用表面活性剂 HLB 值的范围大约为 3～6，例如 Span（斯盘）；后者采用的表面活性剂 HLB 值的范围大约为 8～18，例如 Tween（吐温）等。

4. 反相悬浮聚合法与反相乳液聚合法之异同 我们发现"反相悬浮"（inverse suspension）和"反相乳液"（inverse e-mulsion）这两个词常可互换使用，两种工艺都归入以乳液或以悬浮形式的单体的游离基链聚合作用，乳液聚合不同于悬浮聚合之处在于聚合时粒子的类型和大小，一般乳液聚合与胶体分散有关。

反相悬浮聚合法与反相乳液聚合法是不同的两种方法。它们的主要区别有以下几点：首先是反相悬浮聚合是采用悬浮剂及搅拌使单体液滴稳定分散，反相乳液聚合是采用乳化剂使单体在胶束内形成增溶胶束；其次是前者反应机制是本体聚合的机制，而后者按乳液聚合的机制进行；再次是前者形成的聚合物粒子大，后者形成的聚合物粒子小；第四是反相悬浮聚合采用水溶性的引发剂，而反相乳液聚合则采用油溶性引发剂。

此外，还有一种所谓假反相乳液聚合。它是水溶性单体加入油性分散介质，加入乳化剂制成稳定的乳液（即形成增溶胶束和液滴），但加入引发剂是水溶性的，即初级自由基的产生、单体的引发、链增长、链终止均在增溶胶束（液滴）或粒子中进行。这虽是在反相乳液中进行聚合，但不是真正的反相乳液聚合，即假反相乳液聚合。因其反应机制是属悬浮聚合机制（即本体聚合机制或溶液聚合机制）。

5. 乳化剂简介

（1）乳化作用　我们知道，不溶于水的油性物质，如汽油、煤油、菜油等，在水中经强烈搅拌，油性物质可以球状液滴形式分散在水中，形成乳状液，搅拌一停止，又重新聚集分层；若加入某种物质，使得油性液滴不聚集，体系不分层，形成相当稳定的乳状液。这种能形成乳状液的作用称为乳化作用，能促使油性物质在水中分散形成乳状液的物质称为乳化剂。

(2)乳化剂的 HLB 值　当向乳化剂的水溶液中缓缓地加入油的时候，开始加入的油溶于水中，为真溶液。在达到油在水中的溶解度之后，在乳化剂保护作用下，以极细的小油滴的形式分散在水中。在这种情况下，水是连续相，油是分散相。这样的体系称为水包油乳液，标志为 O/W。在向油中缓缓地加入水的时候，开始加入的水溶解在油中，当达到水在油中的溶解度之后，开始以小水滴的形式分散在油中。在这种情况下油是连续相，水是分散相，这样的体系称为油包水乳液，又叫反相乳液，可标志为 W/O。

乳化剂的乳化能力与分子结构有关。为衡量表面活性剂分子中的亲水部分和亲油部分对其性质所作贡献，Griffin 提出的表面活性剂的亲油亲水平衡值(Hydrophile－Hydrophobe balance)。每一种表面活性剂都具有某一特定的 HLB 值，对于大多数的表面活性剂来说，其 HLB 值落在 0～20 之间，HLB 值越低，表明其亲油性越大，HLB 值越高，表明其亲水性越大。见表 1-8。

表 1-8　不同用途所要求的 HLB 值范围及应用

HLB 值范围	应　用
3～6	油包水(W/O)型乳化剂
7～9	润湿型
8～18	水包油(O/W)型乳化剂

续表 1-8

HLB 值范围	应　用
13～15	洗涤剂
15～18	增溶剂

四、制造聚丙烯酸盐高吸水树脂的惯用工艺

(一)概　述

从 1966 年美国农业部北方研究所研制成功淀粉接枝丙烯腈共聚物至今才 40 余年，高吸水树脂材料无论在基础研究还是应用研究，无论从产品品种还是产品数量，无论从应用领域还是经济效益看，都获得巨大的发展，成为一门新兴的学科领域和高技术产业。Superabsorbent 也作为专有词汇和关键词出现在各种学术刊物、学术会议和产业领域中。

聚丙烯酸盐类高吸水性树脂是目前研究及生产最多的一类合成高吸水性树脂，将丙烯酸或丙烯酸盐类单体在交联剂作用下进行聚合、交联而成，制备方法目前主要有溶液聚合和反相悬浮聚合两种。这类产品吸水倍率较高，可达千倍以上。国际上大的生产厂商均有聚丙烯酸盐系列产品。

聚丙烯酸系列高吸水性树脂的制备所使用的原材料和试剂有单体、交联剂引发剂以及碱、分散介质或溶剂。合成系高吸水树脂材料的制造，最终产物都要形成适度交联的三维网状结构。丙烯酸类单体，即便不用任何交联剂也会产生某种程度的自交联，使产物由水溶性转变为适度交联的水溶胀物，成为具有高吸水性能的产物。

在制备交联聚丙烯酸盐高吸水树脂材料的过程中，涉及各种的化学反应，其中最重要的是中和反应和聚合交联反应。

1. 部分中和反应 反应式如下：

$$\underset{\textstyle COOH}{CH_2{=}\overset{}{CH}} \; \xrightleftharpoons{NaOH} \; \underset{\textstyle COONa}{CH_2{=}CH} \; + H_2O$$

2. 引发反应、聚合交联反应 见图 1-3。

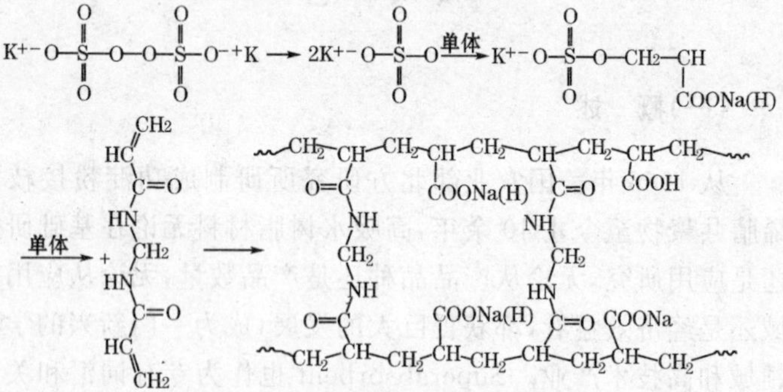

$$K^{+}\,^{-}O{-}\overset{O}{\underset{O}{S}}{-}O{-}O{-}\overset{O}{\underset{O}{S}}{-}O^{-}\,^{+}K \longrightarrow 2K^{+}\,^{-}O{-}\overset{O}{\underset{O}{S}}{-}O\cdot \xrightarrow{单体} K^{+}\,^{-}O{-}\overset{O}{\underset{O}{S}}{-}O{-}CH_2{-}\underset{COONa(H)}{CH}$$

$$\xrightarrow{单体} + \; (CH_2{=}CH{-}CO{-}NH)_2CH_2 \longrightarrow \sim CH_2{-}\underset{C=O}{CH}{-}CH_2{-}\underset{COONa(H)}{CH}{-}CH_2{-}\underset{C=O}{CH}{-}CH_2{-}\underset{COOH}{CH}{-}CH_2 \sim$$

（交联结构：两条聚丙烯酸钠主链之间通过 $C{=}O{-}NH{-}CH_2{-}NH{-}C{=}O$ 桥连；下方主链：$\sim CH_2{-}CH{-}CH_2{-}\underset{COONa(H)}{CH}{-}CH_2{-}CH{-}CH_2{-}\underset{COONa}{CH}{-}CH_2\sim$）

图 1-3 聚丙烯酸钠盐的交联

该反应为放热反应，每克-摩尔乙烯基反应单体放热15.4kcal。

(二)反相悬浮聚合制备聚丙烯酸盐树脂

1. 工艺流程 在反相悬浮聚合中，亲水单体（如丙烯酸）的水溶液借助油包水分散剂悬浮在疏水溶液（如庚烷）中，聚合通过水溶性引发剂引发并在悬浮液的每个液滴中进行，形成不溶于水的聚合物。悬浮液通过机械搅拌和加入稳定剂（分散剂）维持，以防单体液滴凝聚。

工艺分三个部分：聚合、分离和聚合物后处理。在聚合工序中，丙烯酸用氢氧化钠部分中和，分散到脂肪烃溶剂（正庚烷）中，在游离基引发剂和保护胶体存在下聚合；在分离工序，聚合物溶液经喷雾干燥并冷却，水和庚烷混合物蒸馏回收，正庚烷循环使用；在后处理工序，固体聚合物输送到贮藏仓，根据需要混合并包装。主要设备见表 1-9，物料流动见表 1-10，工艺流程见图 1-4 和图 1-5。

表 1-9　主要设备

设备号	名　称	尺　寸	结构材料	备　注
R-101A,B	聚合反应器	每个 1500gal	玻璃衬里钢材	带冷却夹套和 6 级搅拌器
K-201	氮气压缩机	310 马力	碳钢	
E-101	反应器预热器	换热面积 20 ft^2	碳钢壳，316 不锈钢管	载热量 0.22 MM BTU/h
E-201	干燥器冷凝器	换热面积 1850 ft^2	碳钢壳，碳钢管	载热量 7.05 MM BTU/h
M-101	分散剂进料罐	1060 ft^3	铝	
M-102	称重进料器	50 lb/h	各种	
G-101	无离子水装置	4 gal/min	各种	
G-301A,B	出料罐	每个 2065 ft^3	铝	
G-302	共混罐	1030 ft^3	铝	40 级
G-303A～D	产品罐	每个 4130 ft^3	铝	
G-304	装料装置	200 ft^3	304 不锈钢	15 级
G-305	装袋装置	7 袋/min	各种	50 lb 袋
G-306	气动输送器		各种	60 级输送器
V-101	单体混合罐	450 gal	316 不锈钢	带冷却夹套，1 级搅拌

续表 1-9

设备号	名 称	尺 寸	结构材料	备 注
V-102	分散剂混合罐	1500 gal	碳钢	1/3 级搅拌器
V-103A,B	NaOH 混合罐	每个 200 gal	316 不锈钢	1/5 级搅拌器
V-104A,B	引发剂混合器	每个 110 gal	316 不锈钢	1/4 级搅拌器
V-201	氮气缓冲罐	1600	碳钢	
F-201	氮气进料加热器	载热量 1.6 MM BTU/h	碳钢	
S-201	喷雾干燥器	4300 ft^3 腔	304 不锈钢	喷嘴马达 200 马力
S-202	旋风分离器		304 不锈钢	
S-203	产品冷却器	260 ft^2	304 不锈钢	5 级驱动,载热量 0.100MM BTU/h
T-101A,B	丙烯酸罐	每个 47000 gal	304 不锈钢	
T-102A,B	NaOH 贮罐	每个 40000 gal	304 不锈钢	
T-103	正庚烷贮罐	16500 gal	碳碳	
T-104	交联剂贮罐	200 gal	304 不锈钢	
T-105A,B	乙烯基共聚单体罐	每个 6000 gal	304 不锈钢	
T-201A,B	反应器缓冲罐	每个 41000 gal	304 不锈钢	
T-202A,B	再循环正庚烷罐	每个 32000 gal	碳钢	
泵	组	运转	备用	运转马力
	100	12	10	5
	200	3	3	4

表 1-10　物料流动　(lb/h)

项　目	分子量	(1)	(2)	(3)	(4)	(5)	(6)	(7)	(8)	(9)	(10)	(11)
丙烯酸	72	1879								466		
氢氧化钠	40			784		784						
无离子水	18		467		1517							3
正庚烷	100						238		11973		11973	
保护胶体								47	47			
丙烯酸钠	94									1844		
聚丙烯酸树脂											2360	
引发剂												3
水	18			784		2301				3124	3130	
氮气	28											
交联剂												
总计(lb/h)		1879	467	1568	1517	3085	238	47	12023	5434	17463	6
总计(kg/h)		852	212	711	688	1399	108	21	5454	2465	7921	3

项　目	分子量	(12)	(13)	(14)	(15)	(16)	(17)	(18)	(19)	(20)	(21)	(22)
丙烯酸	72											
氢氧化钠	40											
无离子水	18								3			
正庚烷	100	11973				11854	119					119
保护胶体												
丙烯酸钠	94											
聚丙烯酸树脂												
引发剂								2360		47	2313	
水	18	2953				3						
氮气	28	46750	468	46750	468		2950	177		4	173	
交联剂												
总计(lb/h)		61676	468	46750	468	11857	3069	2537	3	51	2486	119
总计(kg/h)		27976	212	21206	212	5378	1392	1151	1	23	1128	54

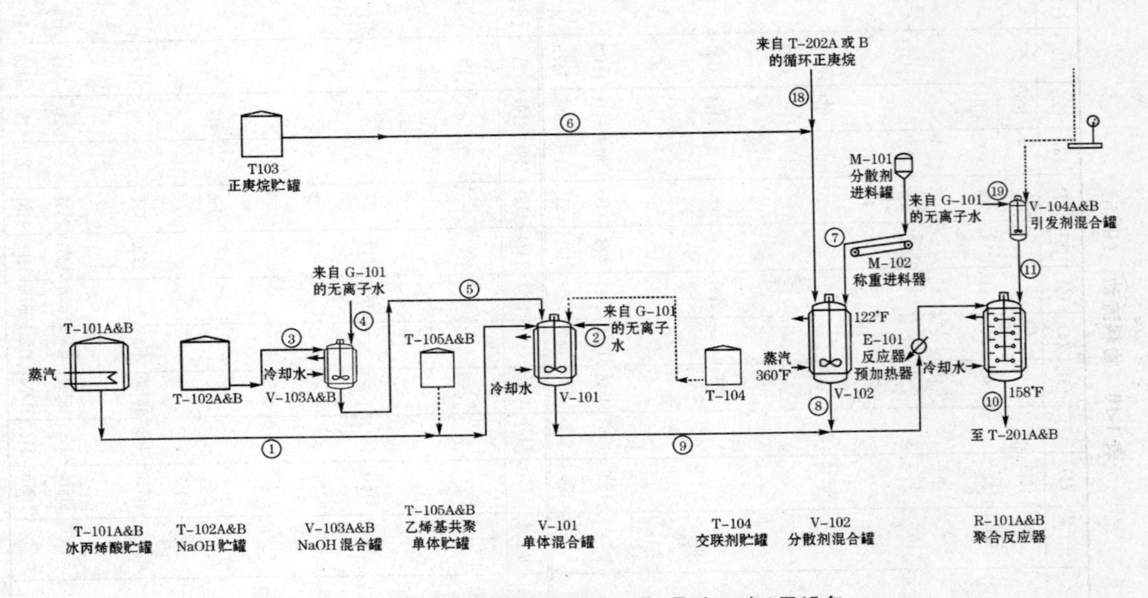

图 1-4 丙烯酸反相悬浮聚合工艺(聚合工序)及设备

[注:华氏温度(°F)与摄氏温度(°C)的转换公式:(x°F-32°) ÷ 1.8=y°C]

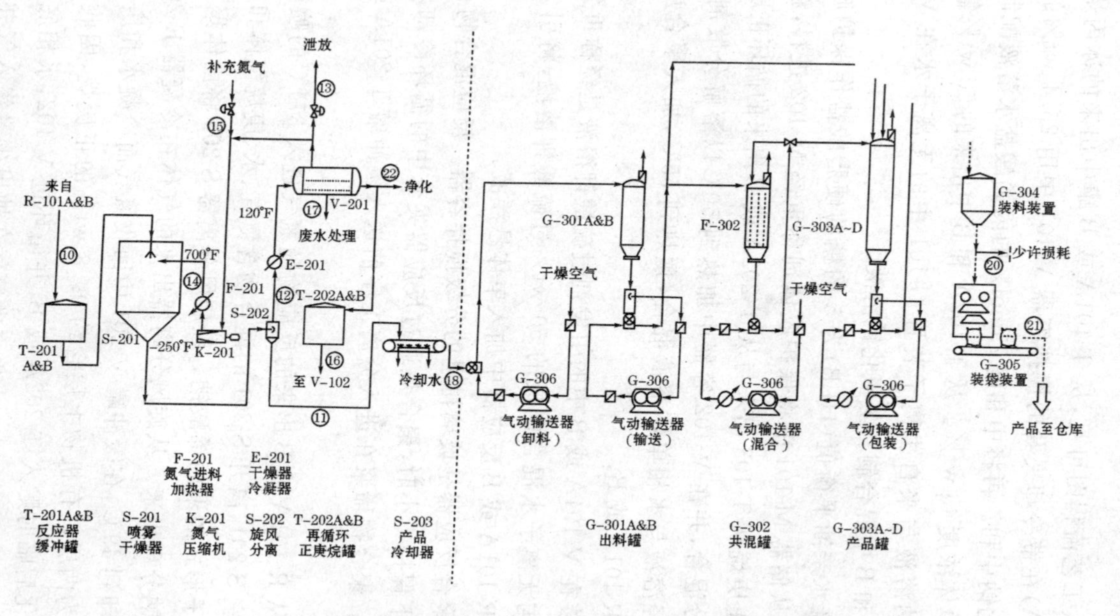

图 1-5 丙烯酸反相悬浮聚合工艺（分离和后处理工序）及设备

从工艺流程图可见，从 T-101A 或 B 罐中出来的冰丙烯酸(AA)在带冷却夹套的搅拌容器 V-101 中用 25.4 wt%的氢氧化钠中和。再将中和度 75mol%的丙烯酸盐水溶液配制为总单体浓度 43 wt%。从 T-102A 和 B 中出来的 50 wt%氢氧化钠溶液与来自去离子装置 G-101 中的无离子水在 V-103A 和 B 中混合制备氢氧化钠溶液。

亲水亲油平衡值(HLB)为 5 的糖的硬脂酸盐作保护胶体剂，从储器 M-101 中将保护胶体剂称重经 M-102 进料，新鲜的正庚烷从 T-103 出来与从 T-202A 或 B 出来的循环正庚烷充分混合，并在 V-102 容器中加热到 50℃以溶解分散剂。将这烃溶液与水相单体溶液混合，预热到 55℃，加入聚合反应器 R-101A 或 B。

装在 V-104A 或 B 中的引发剂过硫酸钾溶液是经称重并分批与无离子水混合制成的 50 wt%过硫酸钾溶液，将引发剂在 R-101A 或 B 反应器中加入单体悬浮液。

聚合反应器是玻璃衬里的分级搅拌容器。反应混合物在 70℃下保持 1 小时，聚合热通过反应器夹套中的循环冷却水带出。聚合物稀浆在进入分离工序前送入缓冲罐 T-201A 或 B。

从 R-101A 或 B 出来的反应物随氮气进入 371℃的喷雾干燥室 S-201，离开 S-201 的混合物含氮气、水、庚烷气体和固体粒子形式的聚丙烯酸钠。经旋风分离器 S-202 将固体聚丙烯酸钠分离出来。从旋风分离器出来的气体在冷凝器 E-201 中冷却到 49℃，在缓冲罐 V-201 中回收氮气而冷凝水和庚烷分离为两层。有机物上层含约 99.8 wt%的正庚烷，因收经稍净化后临时贮入 T-202A 或 B，并循环进 V-102，水相底层送入处理设备。V-201 中出来的氮气在抽出少量渗入气并补充少量气体后经压缩机 K-201 循环进入喷雾干燥器。

从 S-201 中出来的聚丙烯酸钠树脂在产品冷却器 S-203 中冷却到 49℃并加入聚合物后处理装置。树脂粒子送到接受仓 G-301A 或 B,并转入产品贮仓 G-303A～D(直接进入或通过混合仓 G-302,混合仓用于将各批产品混合以得到质量均匀的产品),产品用 50 lb 袋包装,在仓库中贮存。

2. 工艺讨论 对于油包水(W/O)型悬浮液的稳定和控制聚合物粒子尺寸而言,选择适当的保护胶体剂是很重要的。当使用脱水山梨醇脂肪酸酯或山梨醇脂肪酸酯作反相乳液聚合成反相悬浮聚合的保护胶体剂或分散剂时,得到的聚合物为很细的粉末,粒子直径 10～100 μm,这种精细粒子需要粉尘处理设备。此外,这种细粉在聚合物吸收液体或湿气时易形成不溶胀的粉末块,结果吸收不充分。

在反相悬浮聚合中使用 HLB 8～12 的保护胶体剂(如脱水山梨醇单月桂酸盐)时,得到的聚合物粒子直径为 100～500 μm,但大量的聚合物粘在聚合反应器的内壁上,这会引起不稳定操作。

高吸水性聚合物大多由聚丙烯酸钠均聚物或共聚物组成,这里讨论的也是生产丙烯酸钠均聚物的技术。其他类似的或改善吸水性的聚丙烯酸盐树脂也能通过部分中和的丙烯酸和乙烯基共聚单体(如苯乙烯、甲基丙烯酸甲酯和丙烯酰胺)共聚生产。

聚合可在水溶性多功能交联剂[如多元醇的二-或三(甲基)丙烯酸酯(即乙二醇二甲基丙烯酸酯)或双丙烯酰胺(即 N,N-亚甲基双丙烯酰胺)]存在下进行,生产的高吸水性树脂有改善的凝胶强度,但吸水度一般会降低,交联剂用量一般为丙烯酸单体的 0.01～1 wt%。当交联剂量低于 0.001 wt%

时，形成的吸水性树脂在吸水后凝胶强度降低。当高于 5 wt%时树脂的吸水度降低。

疏水溶剂最好采用脂肪烃如正庚烷、正己烷或正戊烷。其他易获得的廉价脂环烃（如环己烷）或芳香烃（如苯、甲苯和二甲苯）也能用作分散液溶剂。

水溶性游离基聚合引发剂过硫酸钾用量为单体浓度的 0.005～1.0 mol%，其他引发剂如过硫酸铵或过硫酸钠也适合。当使用油溶性引发剂时，形成水溶性聚合物。若引发剂量太少，则聚合时间很长。当引发剂用量高于 1.0 mol%时，聚合迅速而危险。

聚合物浆经喷雾干燥器干燥为粉末。当固体聚合物浓度低于 15 wt%时，能使用喷雾干燥器。然而，当聚合物浆固含量高时，应在鼓式干燥器中干燥，产品干燥后为片状，随后粉碎并过筛。

设计中使用广泛用作结构材料的 304 不锈钢接触丙烯酸和聚丙烯酸盐树脂。反应器内衬玻璃，以使聚合物粘壁量最小并便于清理反应器。

（三）水相聚合制备交联聚丙烯酸盐树脂

1. 工艺流程 丙烯酸水相聚合反应是乙烯基单体的烯烃双键的游离基加成反应。完全或部分中和的丙烯酸在无机过硫酸盐引发下均聚或与其他乙烯基单体（即丙烯酰胺、苯乙烯等）共聚。聚合反应如下：

$$n\underset{\displaystyle COO^{-}K^{+}}{\underset{|}{CH}}-CH_2 \longrightarrow [\underset{\displaystyle COO^{-}K^{+}}{\underset{|}{CH}}-CH_2]_n$$

此反应为放热反应，每克-摩尔反应的乙烯基单体放出 15.4 kcal 热。在反应混合物中加入多功能交联剂（如双丙烯酰胺)可使线型聚合物链轻度交联以得到提高凝胶强度的不溶于水的聚合物。

工艺分聚合和后处理两部分。在聚合工序丙烯酸先部分中和,然后在交联剂和游离基引发剂存在下聚合,并进入传递带中,在此利用聚合热将水蒸发。在后处理工序、固体聚合物被粉碎后输送到贮存室,根据需要共混,然后装袋。工艺流程见图 1-6,图 1-7,主要设备见表 1-11,物料流动数据见表 1-12。

表 1-11 主要设备

设备号	名称	尺寸		结构材料		备注
反应器						
R-101	聚合反应器	60ft 钢带		铝		带排气罩和冷却段
塔		直径(ft)	高度(ft)	壳	塔板/填料	30 块筛板,18in 板距
C-201	丙酮回收塔	1.0	56	碳钢	碳钢	
		面积(ft^2)	热荷(MM BTU/h)	壳	管	
热交换器						
E-201	反应器冷凝器	250	0.98	碳钢	碳钢	
E-202	冷凝器	60	0.31	碳钢	碳钢	
E-203	重沸器	30	0.45	碳钢	碳钢	
E-204	废水冷却器	70	0.12	碳钢	碳钢	
E-205	冷凝器	100	0.28	碳钢	碳钢	
E-206	氮气预热器	50	0.05	碳钢	碳钢	
各种设备						
M-101A~H	KOH 进料器	每个 1500ft^3		304 不锈钢		
M-102A,B	称重进料器	每个 730lb/h		多种		

续表 1-11

设备号	名　称	尺　寸	结构材料	备　注
M-201	切碎机	2700lb/h	碳钢	5 级
M-202	破碎机	2700lb/h	碳钢	5 级
M-203	粉碎机	2700lb/h	多种	150 级驱动，带一个分级器
包装车间				
G-101	无离子水装置	1gal/min	多种	流程中未列出
G-201A,B	卸料器	各 2065ft^3	铝	
G-202	共混器	1030ft^3	铝	40 级
G-203A～D	产品贮仓	各 4130ft^3	铝	
G-204	装料装置	200ft^3	304 不锈钢	15 级
G-205	装袋装置	7 袋/min	多种	50lb/袋
G-206	气动输送器		多种	60 级输送器
压力容器		容积(gal)		
V-101	混合容器	300	316 不锈钢	2/3 级搅拌器，44ft^2 冷却盘管
V-102A,B	引发剂混合器	各 120	316 不锈钢	1/3 搅拌器
V-201	缓冲罐	4500	碳钢	
V-202	回流液贮器	85	316 不锈钢包覆	
专用设备				
S-201	蒸汽管干燥器	390ft^2	304 不锈钢	5 级
罐		容积(gal)		
T-101A,B	丙烯酸贮罐	各 47000	304 不锈钢	现场外，带冷凝水夹套
T-102	丙酮贮罐	18200	碳钢	现场外

续表 1-11

设备号	名　称	尺　寸	结构材料	备　注
T-103	交联剂贮罐	5220	304 不锈钢	现场外
T-104A,B	乙烯基共聚单体贮罐	各 6000	304 不锈钢	现场外
T-201	再循环丙酮缓冲罐	600	碳钢	在现场
泵	组	运转	备用	运转马力
	100	6	9	1
	200	3	3	1

表 1-12　物料流动　(1b/h)

项　目	分子量	(1)	(2)	(3)	(4)	(5)	(6)	(7)	(8)	(9)
丙烯酸	72	1841							552	
氢氧化钾	56		1004							
无离子水	18			427				47		47
N,N'-MBA*					3				3	
丙酮	58					27			133	
丙烯酸钾	110								1970	
聚丙烯酸树脂										
引发剂							10			10
水	18		112						893	
总计(lb/h)		1841	1116	427	3	27	10	47	3551	57
总计(kg/h)		835	506	194	1	12	5	21	1611	26

续表 1-12

项　目	分子量	(10)	(11)	(12)	(13)	(14)	(15)	(16)	(17)
丙烯酸	72								
氢氧化钾	56								
无离子水	18								
N,N'-MBA*									
丙酮	58		133	133		27	106		
丙烯酸钾	110								
聚丙烯酸树脂		2537						51	2486
引发剂									
水	18	105	833	33	800	7	26	2	103
总计(lb/h)		2642	966	166	800	34	132	53	2589
总计(kg/h)		1198	438	75	363	15	60	24	1174

*　N,N'-亚甲基双丙烯酰胺

从 T-101A 或 B 中出来的丙烯酸(AA)、从去离子装置 G-101 出来的无离子水、从 M-101A～D 出来的氢氧化钾片(＜10％水含量)以及从 T-103 出来的 N,N-亚甲基双丙烯酰胺交联剂和从 T-201 出来的再循环丙酮装入混合器 V-101。在此中和度 70％的丙烯酸水溶液配制为总单体浓度 70 wt％。在 V-101 中，单体水溶液通过内冷却盘管保持在 70℃。

袋中倒出的过硫酸铵经称重加入两个串联混合容器之一(V-102A)，在此分批与无离子水混合配成 18 wt％的过硫酸铵水溶液。将配好的过硫酸铵水溶液加入第二个混合容器(V-102B)。从 V-101 出来的丙烯酸钾和丙烯酸的水溶液与过硫酸铵水溶液一起喷入密闭的输送带进料段，输送带是宽

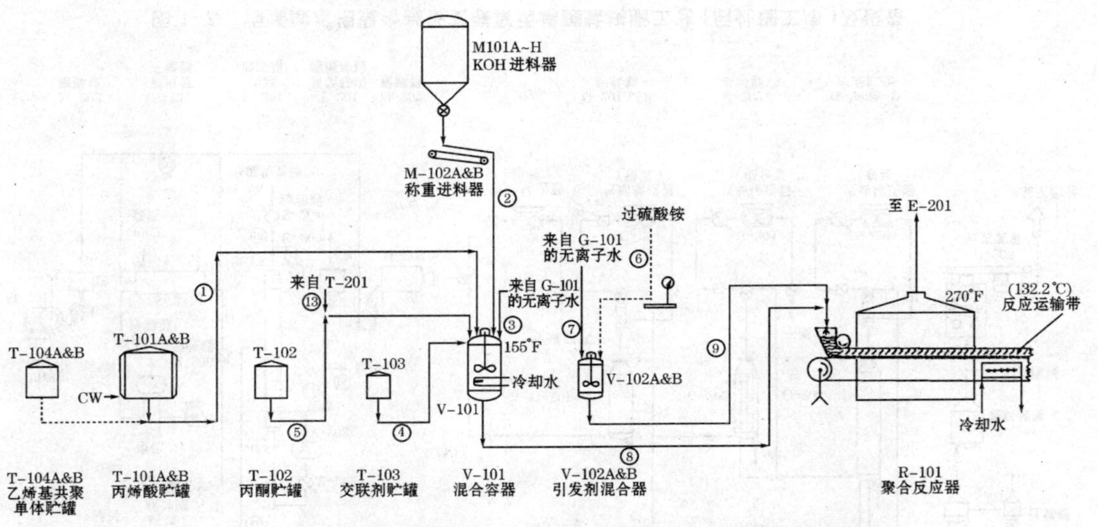

图 1-6　丙烯酸水相聚合制备交联聚丙烯酸盐树脂工艺（聚合工序）及设备

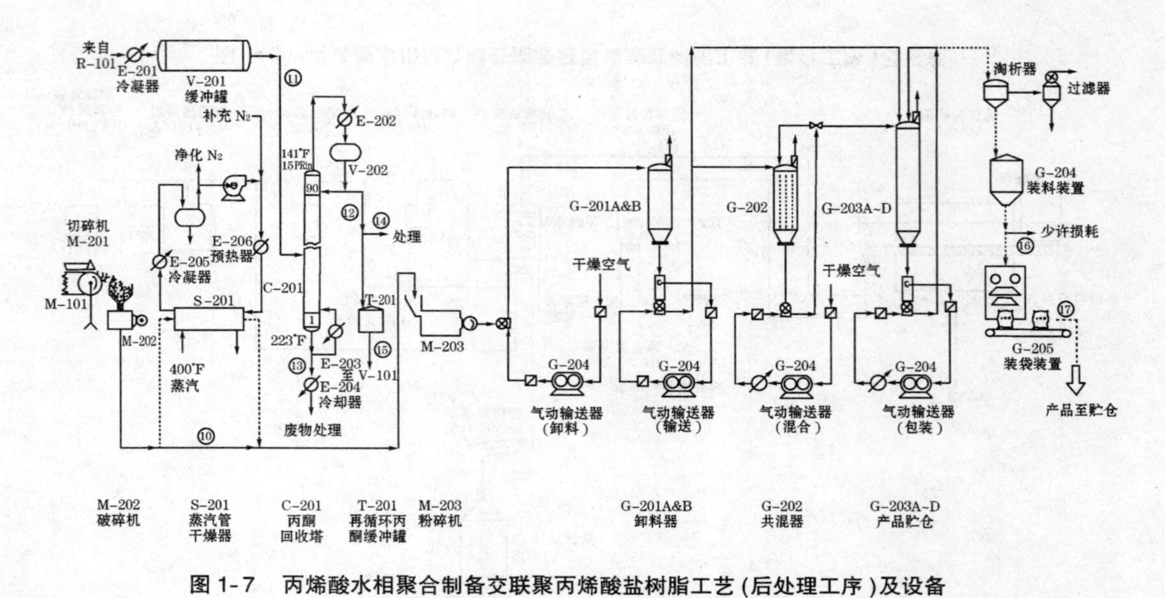

图 1-7　丙烯酸水相聚合制备交联聚丙烯酸盐树脂工艺（后处理工序）及设备

4 ft 的有边和铝罩的钢带。

反应混合物喷在带上并形成 5～10mm 厚的一层，在约 15～30s 后混合物开始聚合并且在 0.5～1min 内完成聚合。由于聚合反应是放热的，使反应温度达到 132℃。同时，水和低沸溶剂（丙酮）迅速从体系中蒸发得到低水含量（4%～15%）的聚合物固体。这固体聚合物在输送带的后部冷却到 49℃，所以后部实际上起带式冷却器作用。随后聚合物离带，在切碎机 M-201 中切成 4in 的小片。

水和丙酮蒸汽通过输送带罩上的排气口从聚合混合物中排出，在 E-201 中冷凝并加到丙酮回收塔 C-201 中。在塔中，丙酮和水分离为塔顶物和塔底物。回收的无水丙酮在稍清洗后暂存在 T-201 中并循环到 V-101。水相塔底料在 E-204 中冷却并作为废料处理。

从 M-201 卸出的固体聚合物干块在破碎机 M-202 中破碎为 0.75～0.50in 的片，并在粉碎机 M-203 中碾磨为 700μm 直径以下的粒子，这些粒子在 M-203 中过筛得到要求的粒径分布，然后输送到装置的产品后处理工序。在后处理工序将各批产品混合后包装贮存于仓库中。

当需加强干燥时，则将从破碎机中出来的聚合物片直接送入蒸汽管干燥器 S-201，然后粉碎。

2. 工艺讨论 水溶性多功能交联剂（如 N，N'-亚甲基双丙烯酰胺）用量为丙烯酸单体的 0.005～0.1wt%。

在单体水溶液中加入有机溶剂可使溶液的凝固点较低（约 10℃～20℃）。加入的有机溶剂可利用聚合热与水一起迅速蒸发。最好使用沸点为 40℃～150℃的有机溶剂，用量为单体总量的 1～10wt%。设计中选择丙酮作有机溶剂，但其他的溶剂如甲醇、乙醇、环己烷或正己烷也能使用。丙酮的蒸发潜热比水低，这样它像鼓泡剂并生成易于粉化的多孔树脂。

被蒸发水和溶剂经冷凝回收，洗涤后循环到混合器中。分离出的水送入处理装置。若丙酮和水的纯度被认为是不重要时，含丙酮和水的冷凝蒸汽可直接再循环到 V-101 处理。这样可省去丙酮回收塔的投资。

设计中采用 304 不锈钢作为接触丙烯酸的设备结构材料。

(四)淀粉接枝丙烯酸高吸水性树脂的制备

1. 工艺流程 淀粉接枝丙烯酸高吸水性树脂是通过淀粉的多糖与丙烯酸和/或丙烯酸钠在交联剂存在下聚合得到的，这种树脂具高吸水性且可生物降解。

工艺共分聚合、分离和聚合物处理三部分。在聚合工序，丙烯酸与冷却的甲醇水溶液混合，用氢氧化钠部分中和，并分批与玉米淀粉接枝聚合；在分离工序，过滤接枝聚合物，用甲醇水溶液洗涤，并回收甲醇水溶液；在聚合物处理工序，聚合物浆经干燥、粉化、过筛、装袋并贮存。

当用丙烯酸作接枝单体时，聚合在水中间歇进行，生成白色弹性凝胶接枝聚合物，用氢氧化钠溶液水解这凝胶，然后干燥并粉化。当使用丙烯酸钠和丙烯酸时，聚合在甲醇水溶液中进行，所用的丙烯酸钠和丙烯酸的重量比为 80∶20 至 70∶30，聚合物形成白色悬浮液，过滤分离出固体，用甲醇水溶液洗涤，然后干燥并粉化。本品具有天然与合成两种高分子的性质，有极强的吸水能力和絮凝能力，可在很短时间内吸附自身重量数百倍的水分。

主要设备列于表 1-13，工艺流程见图 1-8，图 1-9，物料流动数据见表 1-14。

合成淀粉接枝聚丙烯盐高吸水树脂的原料中,有聚丙烯酸盐,最常用的是聚丙烯酸钠,因为钠盐最便宜,在生产聚丙烯酸盐的过程中,它的工艺还是现有常用工艺。

表 1-13 主要设备

设备号	名称	尺寸		结构材料		备注
反应器						
R-101A,B	聚合釜	各 15385gal		304 不锈钢包裹		各带 140 级涡轮搅拌器
塔		直径(ft)	高(ft)	壳	塔板/填料	1.5in 贝尔填料 12ft
C-201	甲醇回收塔	1.7	18	碳钢	瓷	
热交换器		面积(ft^2)	热量(MM BTU/h)			
E-101	甲醇冷却器	44	0.10	碳钢		
E-201	冷凝器	6044	20.11	碳钢		
E-202	再沸器	1868	21.91	碳钢		
E-203	冷凝器	132	0.42	碳钢		
各种设备						
M-101A,B	淀粉贮罐	各 $2400ft^3$		铝		
M-102	称重进料器	900lb/h		多种		
M-103	秤			碳钢		
包装车间						
G-301A,B	干产品料斗	各 $30ft^3$		铝		
G-302A,b	碾磨产品料斗	各 $30ft^3$		铝		
G-303A,B	过筛器	各 50 目		304 不锈钢		
G-304A,B	粉碎机	各 1205lb/h		304 不锈钢		
G-305A,B	缓冲器	各 $2065ft^3$		环氧 LND		

续表 1-13

设备号	名　称	尺　寸	结构材料	备　注
G-306A～D	贮罐	各 4130ft³	环氧 LND	
G-307	装料装置	200ft³	304 不锈钢	
G-308	气动输送器		304 不锈钢	
G-309	装袋装置	7 袋/min	304 不锈钢	
压力容器		容积(gal)		
V-101	混合筒	275	304 不锈钢	
V-102	中和容器	9341	304 不锈钢包覆	带 64 级涡轮搅拌器
V-103A,B	引发剂混合器	各 143	304 不锈钢包覆	带 1/5 级搅拌器
V-201A,B	共混容器	各 42198	304 不锈钢包覆	各带 360 级涡轮搅拌器
V-202	再制浆容器	3077	304 不锈钢包覆	带 30 级涡轮搅拌器
V-203	回流筒	1912	碳钢	
V-204	缓冲器	5275	碳钢	
各种设备				
S-201A,B	鼓式过滤器	各 330ft²	304 不锈钢	各带 10 级驱动
S-301A,B	双鼓干燥器	各 2000ft²	304 不锈钢	
罐		容积(gal)		
T-101A,B	氢氧化钠贮罐	各 21978	碳钢	现场外
T-102A,B	甲醇/水贮罐	各 226374	碳钢	带加热盘管和冷却夹套
T-103A,B	冰丙烯酸贮罐	各 34066	304 不锈钢	现场外

续表 1-13

设备号	名 称	尺 寸	结构材料	备 注
T-104A,B	玉米淀粉贮罐	各 27473	碳钢	现场外,流程中未示
T-201	废溶剂罐	45604	碳钢	
泵	组	运转	备用	运转马力
	100	7	7	4
	200	7	7	13

表 1-14 物料流动 (1b/h)

	分子量	(1)	(2)	(3)	(4)	(5)	(6)	(7)	(8)	(9)	(10)
丙烯酸	72		1451	1451		357					
氢氧化钠	40				607						
玉米淀粉							893				
甲醇	32	2838		2838		2838		15013		17850	6548
丙烯酸钠	94					1428					
接枝聚合物										2512	
杂质			3	3		3				3	
引发剂									53		
交联剂									18		
水	18	427		427	607	1308		2262	662	4232	987
氮气	28										
硝酸钠	85									22	
可溶性聚合物										213	
总计(lb/h)		3265	1454	4719	1214	5934	893	17275	733	24832	7535
总计(kg/h)		1481	660	2141	551	2691	405	7836	332	11264	3418

续表 1-14

	分子量	(11)	(12)	(13)	(14)	(15)	(16)	(17)	(18)	(19)	(20)
丙烯酸	72										
氢氧化钠	40										
玉米淀粉											
甲醇	32	22943	1455	6548	8004	8004	22484	30488	459		
丙烯酸钠	94										
接枝聚合物			2512		2512					2512	2462
杂质			3						3		
引发剂											
交联剂											
水	18	4999	219	987	1206	1129	3532	4661	1467	77	76
氮气	28										
硝酸钠	85	22							22		
可溶性聚合物		213							213		
总计(lb/h)		28181	4186	7535	11722	9133	26016	35149	2165	2589	2537
总计(kg/h)		12783	1899	3418	5317	4143	11801	15943	982	1174	1151

从工艺流程图可见,从罐 T-103A 或 B 出来的丙烯酸(AA)在 V-101 容器中与从 T-102 中出来的冷甲醇水溶液(87wt%甲醇)混合形成 30wt%丙烯酸溶液,在搅拌容器 V-102 中分批用 50wt%氢氧化钠溶液中和丙烯酸溶液。在这容器中每日配制一批重量比为 80∶20 的丙烯酸钠和丙烯酸混合物(以甲醇水溶液的形式),就足以提供三次聚合反应所需要的单体溶液。

每批接枝聚合时间为 7h。从贮器 M-101A 或 B 出来的

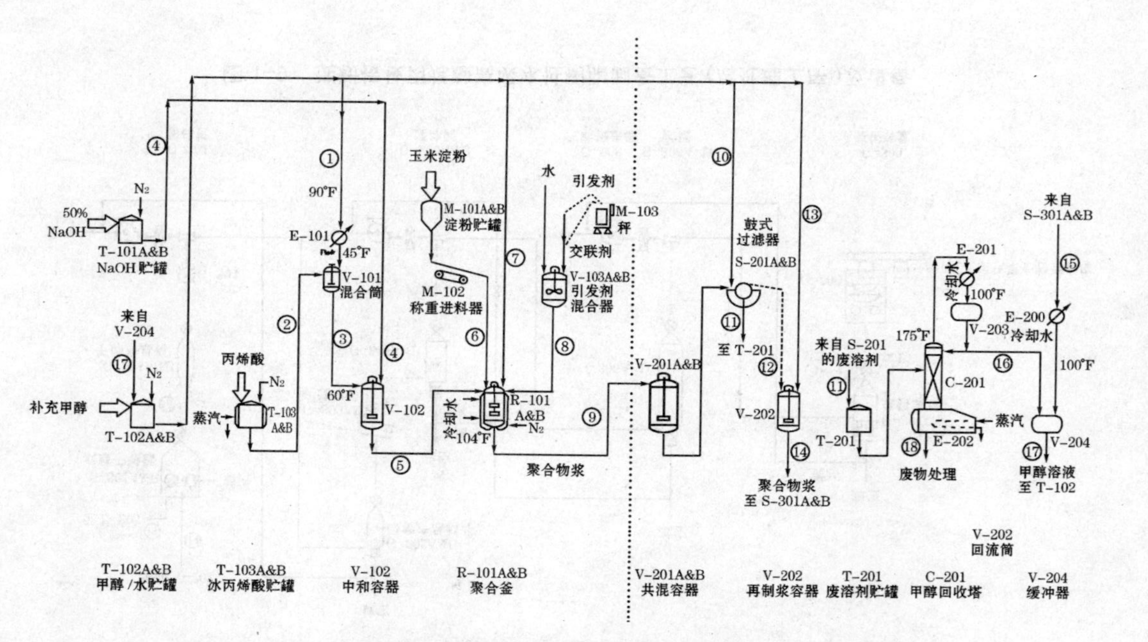

图 1-8 淀粉接枝丙烯酸高吸水性树脂制备工艺（聚合与分离工序）及设备

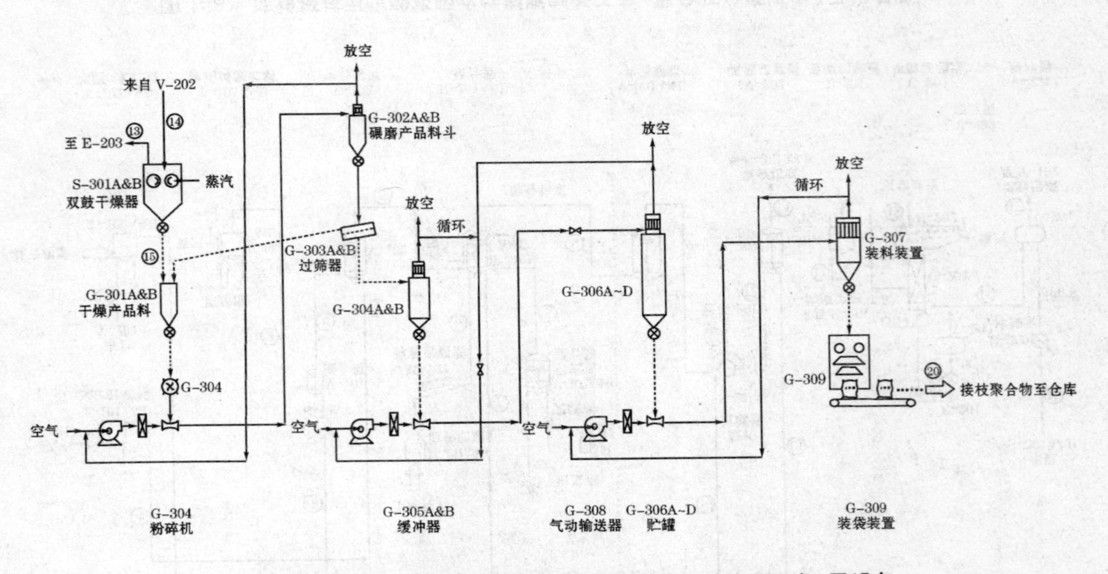

图 1-9　淀粉接枝丙烯酸高吸水性树脂制备工艺（后处理工序）及设备

玉米淀粉和从 F-102A 或 B 中出来的甲醇水溶液加入聚合釜 R101A 或 B。搅拌混合物并在氮气中加热到 55℃ 1h。在单体料液加入前将该混合物冷却到 30℃。单体溶液从 V-103A 或 B 出来的引发剂铈酸铵酸性溶液(在 1N 硝酸中有 0.10mol 铈离子)和交联剂 N,N'-亚甲基双丙烯酰胺加到聚合釜 R-101A 或 B 的淀粉溶液中,将混合物加热到 40℃以引发聚合并通过反应器夹套冷却水维持这个温度。

含 11wt%悬浮聚合物固体的反应混合物进入共混容器 V-201A 或 B 中,每次加三批料以缩小各批最终产品间的差别。此后这些聚合物悬浮液连续加入真空鼓式过滤器 S-201A 或 B,用从 T-102 出来的甲醇水溶液洗涤接枝聚合物,并回收滤饼。滤饼在 V-202 中与加入的甲醇水溶液混合形成 20wt%聚合物浆,随后送入双鼓干燥器 S-301A 或 B,在接触时间 2min150℃下干燥,在干燥器中蒸发的甲醇水混合物在 E-203 中冷凝并送入缓冲容器 V-204。在过滤器 S-201A 或 B 中滤出的甲醇水溶液暂贮入罐 T-201,并在 C-201 塔中蒸馏以在塔顶回收 86wt%甲醇溶液,它们与从 E-203 中出来的甲醇水溶液在 V-203 容器中混合,生成的甲醇水溶液含 87wt%甲醇,将这溶液回收并贮入罐 T-102 中。

从鼓式干燥器中出来的聚合物片输送到料斗 G-301,与从过筛器 G-303A 或 B 出来的粗粒产品混合,混合固体在 G-304 中粉碎形成 48～70 目的白色粒子,碾磨后的产品送入料斗 G-302A 或 B,在过筛器 G-303A 或 B 中过筛,经缓冲器 G-305A 或 B 后,贮入 G-306A～D。贮存室装 15 d 的产量,最终产品包装为 50lb 袋置于库中,仓库贮存能力为 30d 产量的量。

2. 工艺讨论 所介绍的工艺是在半连续基础上运转的

9 100t/a 的高吸水性树脂装置，聚合间歇进行，聚合周期为7h，而分离和后处理工序是在连续进行的。间歇聚合可经常洗涤聚合釜，但对于规模大于 9 100t/a 的高吸水性树脂生产，聚合最好在至少两个并联的反应器中连续进行。在双鼓干燥器 150℃下干燥聚合物浆，但该产品也能在带式干燥器中低于 10min 干燥或在盘式干燥器中 50℃～100℃下用热空气在常压或低压下干燥 3～5h。鼓式干燥器或带式干燥器较好，因为它们的干燥周期短且产品干燥后吸水率增加并褪色减少。在这两种干燥器中，聚合浆(最好含 5～25wt%固体)形成0.3～0.7mm 厚的薄膜，在 100℃～180℃下加热不到10min。干燥的聚合物薄膜用刮刀从干燥器表面刮下。

考虑使用的是未抑制的丙烯酸作聚合单体，故未考虑丙烯酸的纯化装置以及对应设备。

高铈盐和过氧化氢是最好的催化剂。由于高铈盐类催化剂昂贵，所以对于大型商品生产，过氧化氢或其他较便宜的催化剂在经济上更有利些。

五、能实现本体聚合的冯氏新工艺

(一)概　述

上面我们详细介绍了合成聚丙烯酸盐高吸水树脂的现有工艺——旧工艺，下面我们介绍冯氏新工艺，目的是让读者可以任意选择旧工艺或者新工艺来生产聚丙烯酸盐高吸水树脂，看看究竟哪种工艺更好。

聚合反应中最理想的工艺是本体聚合法。但是，旧工艺克服不了本体聚合法的两大主要困难，即反应热的排出问题和聚合产物的出料问题，所以旧工艺不能用本体聚合法实现大规模工业化生产。现在采用的旧工艺仅限于悬浮聚合法、反相悬浮聚合法、水溶液聚合法、乳液聚合法、反相乳液聚合法，这些工艺方法除必须通氮气保护外，还均需用有机溶剂，如正己烷、煤油、汽油、甲苯等，多为易燃易爆物品，操作危险且污染环境；后处理工序烦琐，产品需甲醇、丙酮等有毒溶剂洗涤，易挥发，回收困难，不仅加大成本，而且危及工人安全；工艺难度大，设备复杂，存在爆聚的危险，影响安全生产，且聚合物纯度不高，带有一些有机溶剂与洗涤剂。旧工艺之所以要用到易燃易爆物质或水作介质，主要是为了解决反应热的排出和聚合产物的出料问题，后处理的问题也因此而产生，这个原因主要是反应时必须通氮保护，所以须在密封的反应釜中进行。为此，笔者发明了不通氮可家庭式或规模化工业生产高吸水树脂的新工艺，此专利名称为"一种聚丙烯酸盐高吸水树脂新工艺"(发明专利号:ZL20106374.5)，避免了过去工艺的上述所有缺点，且无废物排出，反应底物彻底聚合干净，还比较节能，因此是完全环保的，这就是本工艺的可贵之处。此新工艺由于能实现本体聚合反应，可比水溶液法提高生产效率 4 倍以上，比其他工艺如反相悬浮聚合法提高生产效率 2.5 倍左右。新工艺的设备投资只有旧工艺的 1/4，工艺过程简单，产品成本低。设备简化到使这种高科技产品能在农村实现家庭式生产根灌剂。这种新工艺就像徐光宪院士和李标国等共同研究成功的"稀土萃取分离工艺的一步放大"技术相类似，实现了不经过小试、扩试，一步放大到工业生产规模，大大缩短了新工艺设计到生产的周期。所以说，该发明是化学聚合工艺上的创新性重要突破，完全符合"节能减排、保护环境"的理念。在 2002 年 3 月 3 日笔者申请该专利之前，其他人没有一个能以工业化用本体聚合法生产高吸水树脂，因此该新工艺获得发明专利，属国际领先水平。

（二）能实现本体聚合的冯氏新工艺

本发明的技术方案是：一种聚丙烯酸盐高吸水树脂新工艺。其步骤包括：

①将规定量的丙烯酸水溶液加入到有冷却功能的带搅拌器的容器中；

②再将规定量的一价氢氧化物的一种或几种水溶液缓慢加入到上述容器中，温度控制在48℃以下；

③在45℃以下，再加入规定量的引发剂或其水溶液，控制pH值在5.5～7.0之内；

④在不通氮、非密封情况下，在一定条件下进行聚合反应，形成高吸水树脂软块；

⑤烘干，粉碎，包装成品。

本发明的进一步技术方案是：其技术特征在于步骤④可将反应底物放在上述容器外的、能耐110℃的塑料盘中，在一定条件下进行聚合反应。

本发明的优点和效果在于在聚合反应过程中不需要通氮，可在常压、非密闭状态下进行，且基本上能人为控制，从根本上避免了爆聚的危险，工艺与设备十分简单，生产成本很低，反应容器利用率近100%，不仅能进行工业化生产，也适合于农村家庭式的生产，且两者产品的质量基本一样。其工艺流程见图1-10。

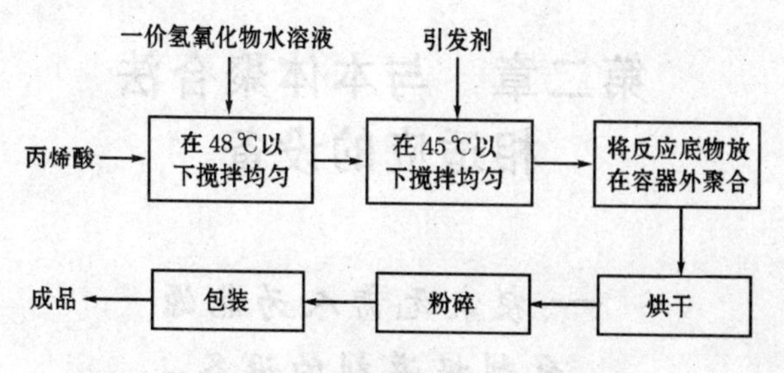

图 1-10　实现本体聚合的工艺流程

第二章　与本体聚合法相适应的设备

一、农家无需人为能源自制根灌剂的设备

(一)必要设备

①能容纳 20kg 的塑料桶 1 个；
②直径 1m 左右的塑料盆 1 个；
③100W 电动搅拌器 1 个；
④龙头嘴瓶 1 个；
⑤架子 1 个；
⑥1m 长软管 1 根；
⑦能耐 110℃ 的塑料盘(约 37cm×27.6cm×3cm)100 个。

(二)非必要设备

①蒸馏水发生器 1 个；
②灶 1 个；
③蒸馒头的蒸笼 1 套。

二、工业化生产根灌剂和吸水剂的设备

(一)必要设备

①反应釜(罐)1 套。见表 2-1,表 2-2,表 2-3。它们的安装见图 2-1 与图 2-2。反应釜(罐)的出料口,最好用 20cm 的球阀。

②贮液罐 1 套(至少 5 个)。见表 2-4,表 2-5,表 2-6。

③输送贮液罐至反应釜的管道 1 套。这个管道使用耐腐蚀的塑料管。

④能装 100kg 的塑料桶 30 个以上。

⑤推车 10 台以上。

⑥RQZ 系列燃气多用灶 30 台以上,见图 2-3 及表 2-7。

⑦能耐 110℃的塑料盘(约 37cm×27.6cm×3cm)3 000 个。

⑧与 RQZ 系列燃气多用灶配套的蒸格 240 个。

⑨做蛋糕用的电烘箱 30 台以上(后面的排气管要改装过)。

⑩真空烘干箱 30 台。

⑪粉碎机(粒径 2mm 左右,80～120 目)10 台。

⑫磅称(200kg 以上)1 台。

⑬计量泵 5 个以上。

⑭长的温度计 10 支以上。

表 2-1 K 系列搪玻璃反应罐(开式)

型号规格		KR-1000	KR-1500	KR-2000	KR-3000	KR-5000	KR-6300	KR-8000
计算容积(L)		1245	1714	2179	3380	5435	6570	9310
换热面积(m^2)		4.5	5.2	7.2	9.3	13.4	14.2	16.88
减速机	型号	BLD-3	BLD-3	BLD-3	BLD-3	CWS	CWS	CWS
	功率	3.0,4.0	3.0,4.0	4.0	5.5	5.5,7.5	7.5	11
搅拌器转速 (r/min)	锚、框	63,80	63,80	63,80	63,80	63,80	63,80	63,80
	叶轮	125	125	125	125	125	125	125
D		1200	1300	1300	1600	1750	1750	2000
D_1		1300	1450	1450	1750	1900	1900	2200
D_2		1472	1643	1643	2029	2188	2188	2498
D_3		840	910	910	1120	1220	1220	1400
D_4		950	1100	1100	1300	1400	1400	1600
n-Ø		4-Ø30	4-Ø30	4-Ø30	4-Ø36	4-Ø36	4-Ø36	4-Ø36
n_1-$Ø_1$		4-Ø25	4-Ø30	4-Ø30	4-Ø30	4-Ø30	4-Ø30	4-Ø30
H		1270	1470	1815	1810	2480	2947	2750
H_1		270	310	310	310	350	350	600
H_2		500	560	600	700	700	700	700
H_3		480	505	505	580	622	622	724
H_4		/	/	/	/	420	420	420
H_5		/	1000	1000	1247	1090	1510	1930
H_6		/	507	507	614	550	550	550
H_7		315	315	315	315	350	350	350
L		3360	3670	4010	4185	5030	5617	5610

续表 2-1

型号规格		KR-1000	KR-1500	KR-2000	KR-3000	KR-5000	KR-6300	KR-8000
L_1		3205	3335	3690	3959	4345	4655	4600
h(锚、框/叶轮)		100/210	100/210	100/210	130/290	230/270	230/270	230/270
管口(公称尺寸)	a	300×400	300×400	300×400	300×400	300×400	300×400	300×400
	b	125	125	125	125	125	125	125
	c	100	100	100	100	100	100	100
	d,g	100	100	100	100	125	125	125
	e	100	125	125	125	125	125	125
	f	125	125	125	125	150	150	150
	h	150	125	125	125	150	150	150
	i	100	100	100	125	125	125	125
	j_1,j_3	32	40	40	50	70	70	70
	j_2	32	40	40	50	/	/	/
	k_1,k_2	/	50	50	70	/	/	/
	1,k_3,k_4	/	/	/	/	70	70	70
	m	G1/2"	G1/2"	G1/2"	G1/2"	G1/2"	G1/2"	G1/2"
卡子(规格/数量)	P_N0.2MPa	M20/52	M20/56	M20/56	M24/52	M24/52	M24/52	M24/52
	P_N0.4MPa	M20/56	M20/64	M20/64	M24/60	M24/60	M24/60	M24/60
	P_N1.0MPa	AM24/52	AM24/56	AM24/56	/	/	/	/
设备重量(kg)		1785	2250	2482	3668	5274	5850	7000

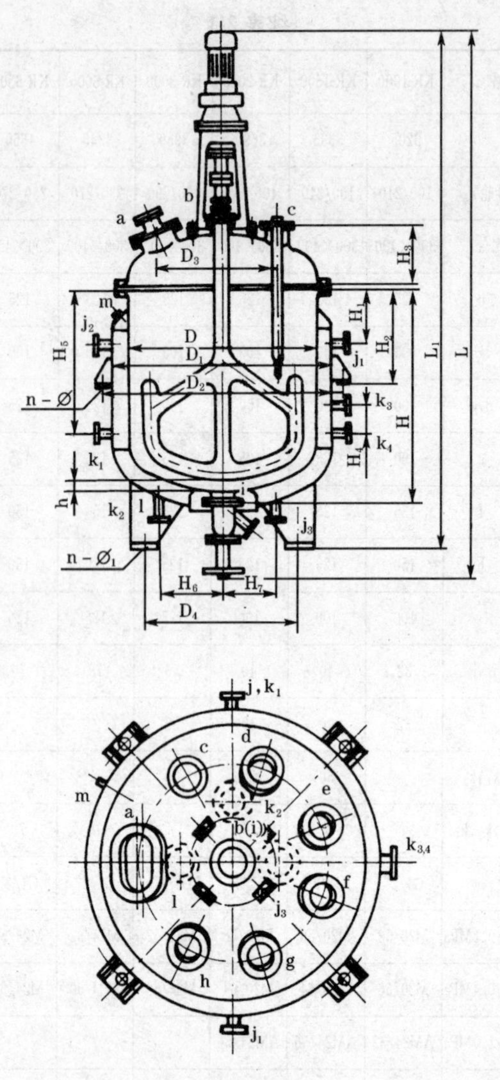

a
b
c
D$_3$
H$_3$
m
j$_2$
H$_5$
D
D$_1$
D$_2$
H$_1$
H$_2$
j$_1$
L$_1$
L
n－Ø
k$_3$
H
k$_4$
H$_4$
k$_1$
h
i
k$_2$
l
j$_3$
n－Ø$_1$
H$_6$
H$_7$
D$_4$
j，k$_1$
c
d
m
e
k$_2$
a
b(i)
k$_{3,4}$
f
l
j$_3$
h
g
j$_1$

表 2-1 附图

表 2-2　K 系列搪玻璃反应罐(开式)

型号规格		KR-50	KR-100	KR-200	KR-300	KR-400	KR-500
计算容积(L)		70	127	247	369	469	588
换热面积(m^2)		0.54	0.84	1.5	1.9	2.4	2.6
减速机	型号	BLD-1	BLD-1	BLD-1	BLD-2	BLD-2	BLD-2
	功率	0.55	0.75	1.1	1.5	1.5	2.5
搅拌器转速 (r/min)	锚、框	63,80	63,80	63,80	63,80	63,80	63,80
	叶轮	125	125	125	125	125	125
D		500	600	700	800	800	900
D_1		600	700	800	900	900	1000
D_2		728	829	918	1048	1048	1152
D_3		350	420	490	560	560	630
n-∅		4-∅25	4-∅25	4-∅25	4-∅25	4-∅25	4-∅25
H		465	565	770	870	1070	1070
H_1		220	220	230	240	250	250
H_2		300	320	350	350	380	400
H_3		265	300	345	380	380	405
H_4		250	250	270	270	270	270
L		2030	2170	2440	2770	2970	3030

续表 2-2

型号规格		KR-50	KR-100	KR-200	KR-300	KR-400	KR-500
h(锚、框/叶轮)		50/90	60/110	60/130	80/150	80/150	80/160
管口(公称尺寸)	a	80	80	125	125	125	150
	b	70	70	80	100	100	100
	c	70	70	70	70	70	70
	d	/	/	80	80	80	100
	e	70	70	70	70	70	80
	f	/	/	70	70	70	125
	g	70	70	/	/	/	/
	h	/	/	70	70	70	80
	i	70	70	80	80	80	80
	j_{1-3}	20	20	25	25	25	32
	m	G1/2"	G1/2"	G1/2"	G1/2"	G1/2"	G1/2"
卡子(规格/数量)	P_N0.2MPa	M16/28	M16/28	M16/36	M16/40	M16/40	M20/32
	P_N0.4MPa	M16/28	M16/32	M16/40	M16/48	M16/48	M20/36
	P_N1.0MPa	AM16/24	AM16/24	AM16/40	AM20/32	AM20/32	AM20/40
设备重量(kg)		376	442	584	745	810	904

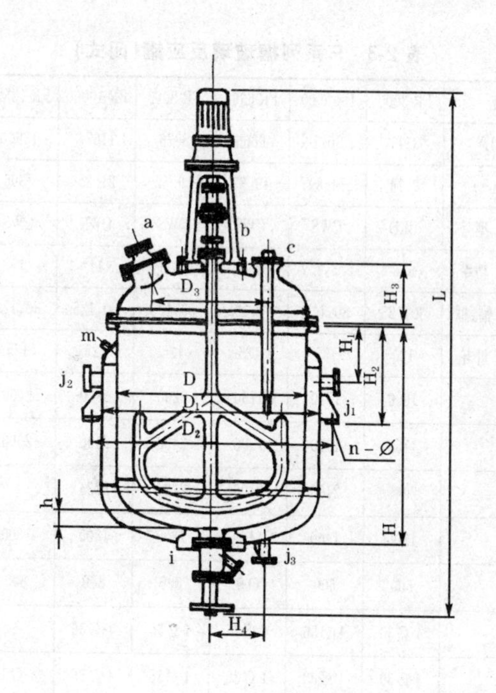
a
b
c
D_3
H_3
L
m
H_1
H_2
j_2
D
D_1
j_1
D_2
n－Ø
h
H
i
j_3
H_4

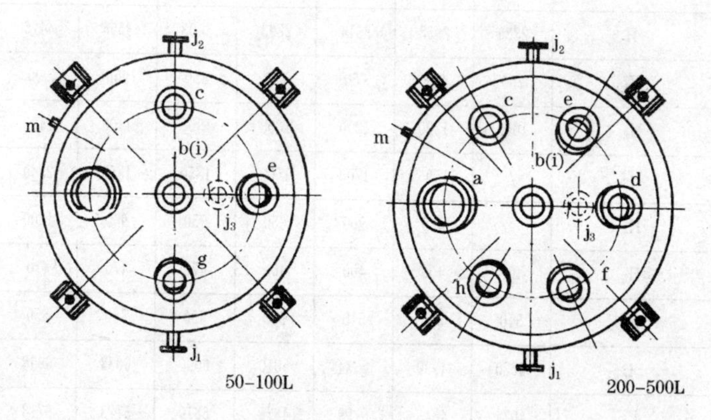
j_2
c
m
b(i)
e
j_3
g
j_1
50-100L
j_2
c
e
m
b(i)
a
d
j_3
h
f
j_1
200-500L

表 2-2 附图

表 2-3　F 系列搪玻璃反应罐(闭式)

型号规格		FR-3000	FR-5000	FR-6300	FR-8000	FR-10000	FR-12500	FR-16000
计算容积(L)		3811	5011	6866	8976	11674	13600	17446
换热面积(m^2)		9.74	14.89	19.89	16.52	21.35	2306	29.48
减速机	型号	BLD	CWS	CWS	CWS	CWS	CWS	CWS
	功率	5.5	5.5,7.7	7.5	7.5,11	11	15	18.5
搅拌器转速(r/min)	锚、框	80,125	80,125	80,125	80,125	80,125	80,125	80,125
	叶轮	125	125	125	125	125	125	125
D		1600	1750	1750	2200	2200	2400	2400
D_1		1750	1900	1900	2400	2400	2600	2600
D_2		2045	2196	2196	2734	2734		
D_3		1300	1400	1400	1800	1800	1800	1800
D_4		600	600	600	800	800	800	800
n-Ø		4-Ø30	4-Ø36	4-Ø36	4-Ø36	4-Ø36		
n_1-$Ø_1$		4-Ø30	4-Ø30	4-Ø30	4-Ø36	4-Ø36	4-Ø36	4-Ø36
H		2329	2958	3314	2893	3603	3566	4416
H_1		700	856	750	850	850	900	900
H_2		1060	1200	1200	1300	1300	1400	1400
H_3		/	1596	1700	1500	1850	1850	2200
H_4		/	420	900	650	950	900	1200
H_5		400	400	400	400	470	470	470
H_6		510	510	510	550	550	550	550
L		4220	4990	5334	5010	6090	6053	6998
L_1		4074	4843	5199	4875	5810	5773	6718

续表 2-3

型号规格		FR-3000	FR-5000	FR-6300	FR-8000	FR-10000	FR-12500	FR-16000
h		240	300	270	330	360	360	360
管口(公称尺寸)	a	300×400	300×400	300×400	300×400	300×400	450	450
	b	125	125	150	150	200	200	200
	c	125	125	200	200	200	200	200
	d	125	125	125	150	150	150	150
	e	125	125	125	150	150	150	150
	f	150	150	150	150	150	150	150
	g	125	125	125	125	125	125	125
	h	150	150	150	150	150	150	150
	i	/	/	/	125	125	125	125
	j	125	125	125	125	150	150	150
	j_{1-3}	70	70	70	70	80	80	100
	l_{1-3}	70	70	70	80	80	80	100
	m	G1/2"	G1/2"	G3/4"	G3/4"	G3/4"	G3/4"	G3/4"
	n	/	/	/	200	200	200	200
卡子(规格/数量)	P_N0.2MPa	M16/28	M16/28	M16/28	M16/40	M16/40	M20/32	M20/32
	P_N0.4MPa	M16/32	M16/32	M16/32	M16/48	M16/48	M20/36	M20/36
	P_N1.0MPa	AM16/32	AM16/32	AM16/32	AM20/36	AM20/36	AM20/40	AM20/40
设备重量(kg)		3260	4640	5150	6510	8100	9100	11230

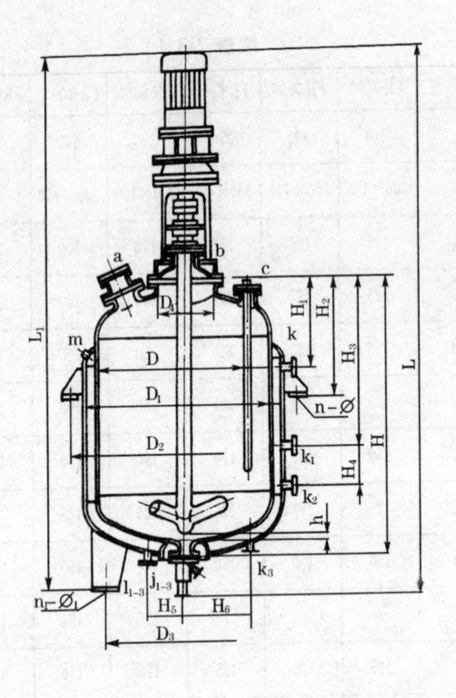
a
b
c
D4
H1
H2
H3
L
L1
m
D
D1
D2
k
n-∅
H
k1
H4
k2
h
k3
j1-3
l1-3
n1-∅1
H5
H6
D3

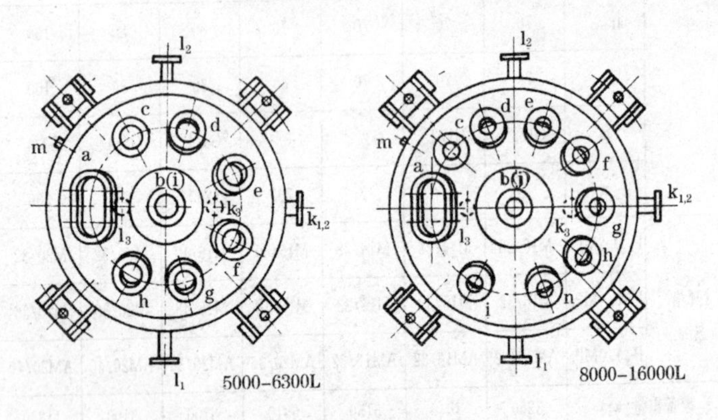
l2
c
d
m
a
b(i)
e
k3
k1,2
l3
h
g
f
l1
5000-6300L
l2
d
e
c
m
f
a
b(j)
k1,2
l3
k3
g
h
i
n
l1
8000-16000L

表 2-3 附图

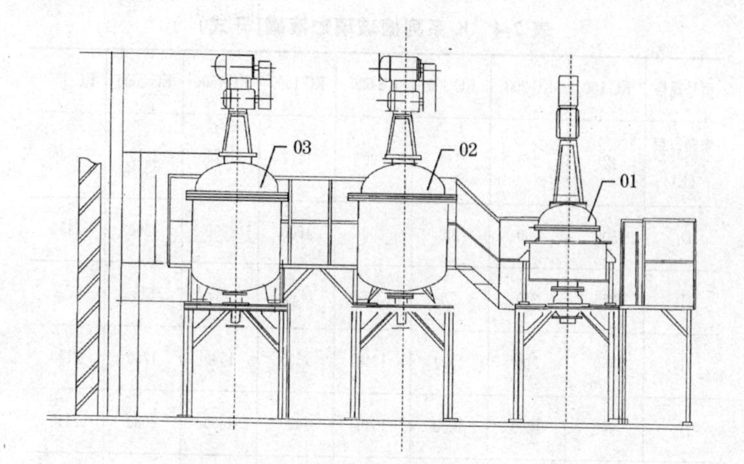

图 2-1　反应釜总装侧视图

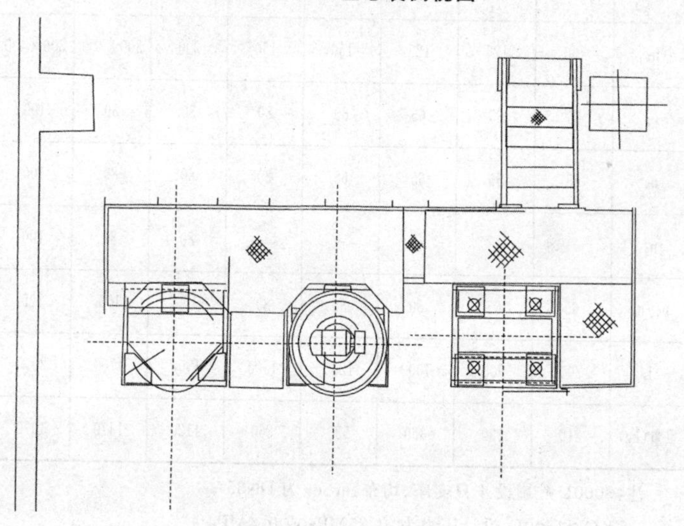

图 2-2　反应釜总装俯视图

表 2-4 K 系列搪玻璃贮液罐(开式)

型号规格	KC-100	KC-200	KC-300	KC-500	KC-1000	KC-1500	KC-2000	KC-3000
实际容积(L)	121	240	336	590	1112	1674	2219	3336
D_1	500	600	700	800	1000	1200	1300	1450
H_1	275	310	351	386	436	486	511	559
H_2	660	900	1000	1240	1500	1580	1780	2140
H_3	960	1200	1300	1540	1800	1880	2080	2440
H_4	1245	1520	1660	1936	2248	2378	2604	3012
n_1	100	125	125	150	150	200	300×400	300×400
n_2	65	65	65	80	80	80	80	100
n_3	65	65	65	65	80	80	80	100
n_4	—	—	—	—	—	80	80	100
n_5/n_6	65	65	80	80	80	100	100	125
L	700	900	1000	1200	1500	1500	1700	2000
重量(kg)	210	280	380	530	860	1120	1470	1970

注:3000L 贮罐设 4 只支座、均布:e_1、e_2 为 DN65

KC≥1500L,设计压力为:0.25MPa 或 0.4MPa

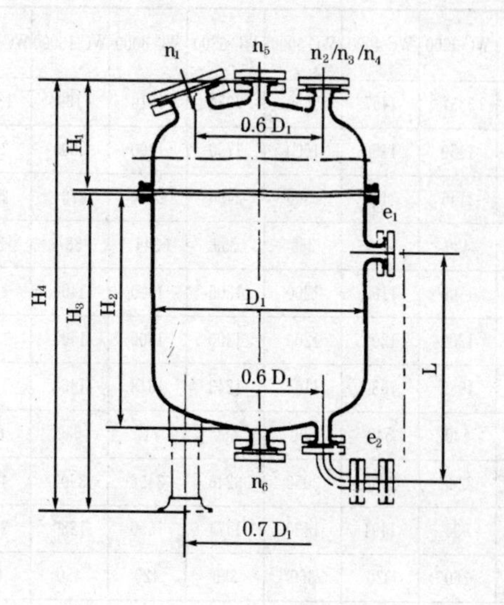
n1
n5
n2/n3/n4
0.6 D1
H1
e1
H4
H3
H2
D1
L
0.6 D1
e2
n6
0.7 D1

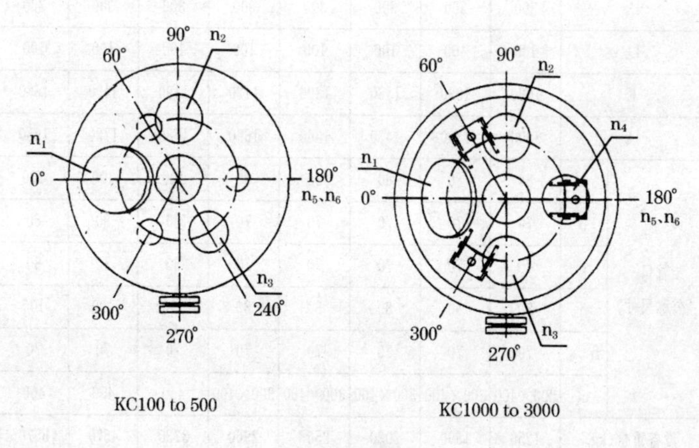
90°
n2
60°
n1
0°
180°
n5、n6
n3
300°
240°
270°
KC100 to 500
90°
60°
n2
n4
n1
0°
180°
n5、n6
300°
n3
270°
KC1000 to 3000

表 2-4 附图

表 2-5　卧式搪玻璃贮液罐

型号规格		WC-3000	WC-4000	WC-5000	WC-6300	WC-8000	WC-10000	WC-12500	WC-16000
计算容积(L)		3337	4457	5550	7024	8910	11094	13921	17756
D		1450	1450	1600	1750	1900	2000	2000	2200
H		2146	2146	2300	2454	2604	2704	2704	2908
H_1		420	420	359	359	344	337	337	332
H_2		1100	1100	1200	1300	1300	1400	1400	1500
H_3		1200	1200	1200	1300	1400	1400	1400	1500
H_4		1089	1089	1166	1243	1318	1368	1368	1470
H_5		540	540	600	650	710	650	650	700
L		2288	2968	3052	3246	3496	3900	4800	5080
L_1		934	1494	1420	1474	1590	1880	2740	2840
L_2		260	320	360	390	420	450	470	500
L_3		1454	2134	2140	2254	2430	2780	3680	3840
L_4		300	300	300	300	300	300	300	300
L_5		100	100	100	100	100	100	100	100
K		1090	1090	1180	1300	1420	1490	1490	1680
A		1300	1300	1430	1560	1690	1780	1780	1950
管口(公称尺寸)	a	80	80	80	80	80	100	100	100
	b	70	70	70	70	70	80	80	80
	c	70	70	70	70	70	80	80	80
	d	80	80	80	80	80	100	100	100
	f_{1-4}	70	70	70	70	70	70	70	70
	m	300×400	300×400	300×400	300×400	300×400	450	450	450
设备重量(kg)		1250	1590	2020	2560	2960	3730	4570	5570

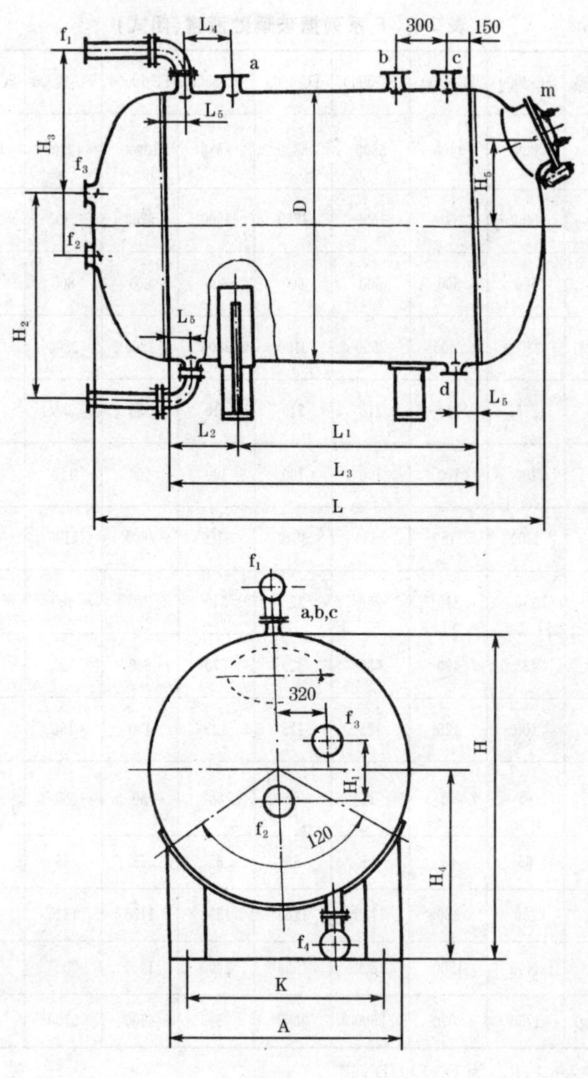
f1
L4
300
150
a
b
c
m
L5
H3
f3
H5
D
f2
H2
L5
d
L5
L2
L1
L3
L
f1
a,b,c
320
f3
H
H1
f2
120
H4
f4
K
A

表 2-5 附图

表 2-6 F系列搪玻璃贮液罐(闭式)

型号规格	FC-3000	FC-4000	FC-5000	FC-6300	FC-8000	FC-10000	FC-12500	FC-15000
全容积(L)	3300	4400	5500	6820	8580	10900	13300	15200
D_1	1450	1600	1600	1750	1900	2200	2400	2400
D_2	500	600	600	600	600	800	800	1000
H_1	2200	2400	2950	3100	3400	3200	3300	3650
H_2	275	310	310	310	310	386	386	436
H_3	100	100	100	100	100	100	110	100
H_4	2900	3150	3880	3840	4150	4000	4100	4500
H_5	230	210	260	320	240	280	400	100
B_1	435	480	480	525	570	660	720	840
n_1	100	125	125	125	125	150	150	150
n_2 n_5	65	65	65	65	65	80	80	80
n_3	65	65	65	65	65	65	65	80
H_6	800	880	1180	1255	1330	1160	1225	1225
L	1400	1500	1800	1900	2000	1900	2000	2000
重量(kg)	1700	2070	2500	3000	3600	4500	5700	6800

注：e_{1-2}、f_{1-2}为 DN100/DN50

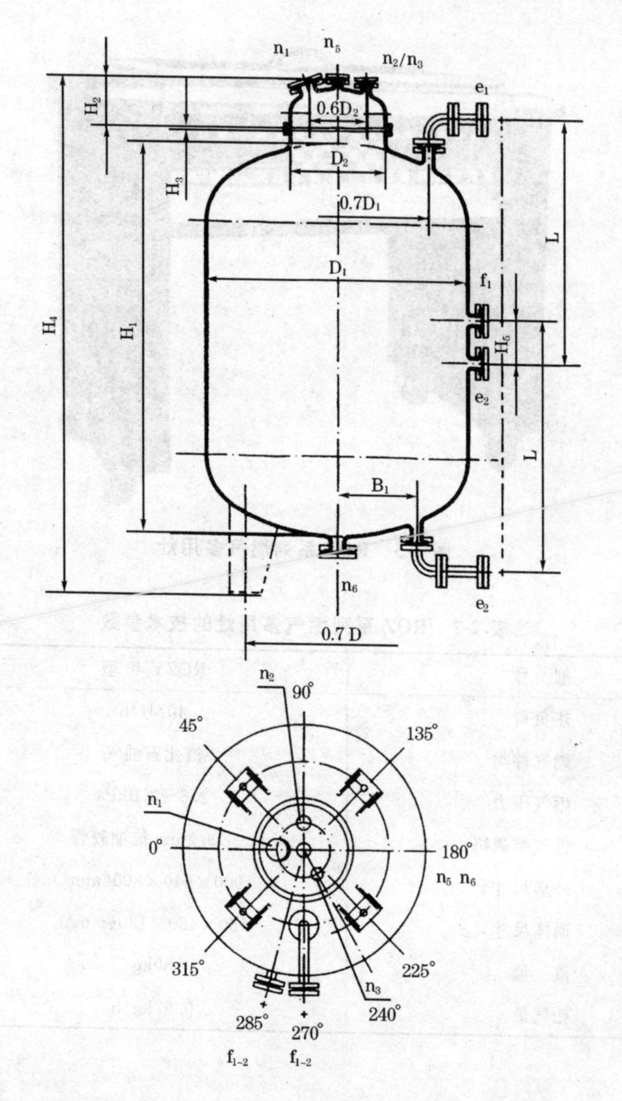
n1
n5
n2/n3
e1
H2
0.6D2
D2
H3
0.7D1
L
D1
f1
H4
H1
H5
e2
L
B1
n6
e2
0.7 D
n2
90°
45°
135°
n1
0°
180°
n5 n6
315°
225°
n3
240°
285°
270°
f1-2
f1-2

表 2-6 附图

图 2-3　RQZ 系列燃气多用灶

表 2-7　RQZ 系列燃气多用灶的技术参数

型　号	RQZY-40 型
热负荷	40MJ/h
燃气种类	液化石油气
燃气压力	2.8～3.0kPa
进气喉规格	∅9.5mm 抗油胶管
外形尺寸	1000×640×800(mm^3)
锅体尺寸	660×460×130(mm^3)
重　量	60kg
耗气量	0.97kg/h

(二)非必要设备

①如有条件,用聚四氟乙烯做反应盘 3 000 个,就不怕反应物从盘里拿不出来。

②如有条件,买铂铑合金温度计 10 支以上。

③南京林业大学生产的木材烘干机。

大规模工业化生产高吸水树脂,要用专门设计的流水线。这条流水线,需要按本体聚合反应的特点来专门设计。

三、生产永不褪色的高吸水树脂彩晶的设备

①电动磁性搅拌器;

②1 000ml 的聚四氟乙烯烧杯;

③若干个磁性转子。

第三章 生产根灌剂与纳米级吸水剂的新工艺

一、农家无需人为能源自制根灌剂的冯氏新工艺一

(一)冯氏新工艺一

1. 反应容器的构成 能容纳20kg的塑料桶置于直径1m左右的塑料盆里,用功率100W电动搅拌器的搅拌棒放在塑料桶里,在盆的旁边备一架子,架子上放一盛有一价氢氧化物水溶液龙头嘴瓶,龙头嘴下装一软管,将软管下端放入塑料桶里,向盆中不断加入冷却水,使反应温度控制在规定的范围之内。当反应底物溶液从容器中倒出后,要彻底清洗反应容器,以防反应容器内壁上残留的引发剂水溶液会引发下次反应底物的聚合,而这种聚合产物是不合格的。

2. 反应过程 本发明技术方案是:一种聚丙烯酸盐高吸水树脂新工艺。其步骤包括:

①将规定量的丙烯酸水溶液加入到有冷却功能的带搅拌器的容器中;

②再将规定量的一价氢氧化物的一种或几种水溶液缓慢加入到上述容器中,温度控制在48℃以下;

③在45℃以下,再加入规定量的引发剂或其水溶液,控制pH值在5.5~7.0之内;

④在不通氮、非密封情况下,在一定条件下进行聚合反

应，形成高吸水树脂软块；

⑤烘干、粉碎，包装成品。

本发明的进一步技术方案是：其技术特征在于步骤④可将反应底物放在上述容器外的、能耐110℃的塑料盘中，在室温（20℃）下，放在阳光下0.5～1h即发生聚合反应，反应后把聚合物从盘中揭下来，用轧铜板机把它切成长约3cm、宽约1.5cm的小块，或用手工撕成类似的小块（因为这种聚合物是无毒的），然后烘干、粉碎再包装成品；如果产品是自己用就不需要再烘干和粉碎了，就用切出或手撕成的小软块即可。用太阳能引发聚合反应比用人为能源引发聚合反应的产品吸水倍率稍低些。产品的保质期在10年以上。

3. 反应底物的重量 反应底物的总重量控制在16kg左右。

（二）冯氏新工艺一的优点

凡是干旱少雨的地方，春夏秋三季大部分都是晴天，阳光充足，因而可以用太阳能来引发聚合反应就不再需要人为能源了，这样也减少了CO_2的排放量，符合环保要求，也节省了农民生产根灌剂的费用；生产设备简单，只需几百元，农民就有能力购买这些设备了。

二、工业化生产根灌剂和吸水剂的冯氏新工艺二

（一）冯氏新工艺二

1. 反应容器的构成 反应容器是带夹套的反应釜，反应

釜本身带有搅拌器,夹套里可以放冷却水。小规模生产中,应在反应釜旁边备一比其稍高的架子,架子放一盛有一价氢氧化物水溶液的塑料容器,容器下端出口处应装有塑料水龙头,再在水龙头上套一可通入反应釜中的软管,以控制一价氢氧化物水溶液能缓慢流入反应釜中。当一价氢氧化物流完之后,反应釜中的温度降至45℃以下时,再在原盛有一价氢氧化物水溶液的塑料容器中装入引发剂水溶液,让其通过软管流进反应釜中。当反应底物溶液从反应釜中倒出后,要彻底清洗反应釜,以防残留在反应釜内壁上的引发剂水溶液会引发下次反应底物的聚合,而这种聚合产物是不合格的。

2. 反应过程 本发明的技术方案是:一种聚丙烯酸盐高吸水树脂新工艺。其步骤包括:

①将规定量的丙烯酸水溶液加入到有冷却功能的带搅拌器的容器中;

②再将规定量的一价氢氧化物的一种或几种水溶液缓慢加入到上述容器中,温度控制在48℃以下;

③在45℃以下,再加入规定量的引发剂或其水溶液,控制pH值在5.5~7.0之内;

④在不通氮、非密封情形下,在一定条件下进行聚合反应,形成高吸水树脂软块;

⑤烘干,粉碎,包装成品。

本发明的进一步技术方案是:其技术特征在于步骤④可将反应底物放在上述容器外的、能耐110℃的塑料盘中。放有反应底物的塑料盘有两种处理办法。一种叫“湿热法”,就是把盘放到蒸笼里像蒸馒头一样地蒸,当蒸汽温度达到80℃~90℃时开始聚合反应,形成高吸水树脂软块,但是这种软块要从盘中顺利揭下来,必须用相应的配方;另一种叫“干热法”，就是把盘放进烤箱中，当烤箱中的温度达到80℃～90℃时开始聚合反应，形成高吸水树脂软块，这种软块能顺利从盘中揭下来，对配方没有特殊的要求。高吸水树脂软块从盘中揭下来，接着就烘干，烘干后用建筑上所用的砸碎机把它砸成小块，再粉碎成直径为2～3cm的颗粒，经包装后即得成品。产品的保质期在10年以上。

大规模生产，在聚合反应、烘干、粉碎与包装工序，用流水线来完成。

3. 反应底物的重量 有以下几种：

①反釜是100L的，反应底物的总重量为80kg左右；

②反釜是500L的，反应底物的总重量为400kg左右；

③反釜是1 000L的，反应底物的总重量为800kg左右。

(二)冯氏新工艺二的优点

用“湿热法”设备可“土”到用农村蒸馒头的蒸笼进行聚合反应；如果用“干热法”的烤箱，只要把烤箱的排气装置拆掉，接上直径约为10cm的塑料管，再装上排风扇就可以了。

可见工业化生产根灌剂和吸水剂的冯氏新工艺二的聚合反应设备及工艺过程极其简单，后处理工艺与设备也很简单。

(三)冯氏根灌剂的十二大优点

①吸水倍率高。根灌剂商品名为“旱地神”，能吸收自身重量400～600倍的纯水(无矿质离子水)。根灌剂有“旱地神”颗粒，也有价廉物美、能吸收自身重量200倍以上(一般在250倍左右)的“块状旱地神”。

②保水能力强。根灌剂在水中浸泡12h后，即成水凝胶块，吸足水的水凝胶块悬空不滴水，在一定压力下挤不出水来。

③不含淀粉。这就避免了蚂蚁、老鼠、野猪对植物根系的危害。况且淀粉易霉，使用寿命很短，仅3个月左右。

④含钠少。故不会使土壤盐碱化而破坏土壤；否则是对土壤掠夺性的使用，不符合可持续发展的要求。

⑤不粘，即水凝胶块互不粘连。使作物根系能生长进去；否则，因没有空气，根生长进去要烂，会使作物枯死。

⑥水凝胶块具有自然的团粒结构，施入土中，能使根灌区域立刻团粒结构化。一般土壤在人工改造下，需要十年左右才有可能团粒结构化。

⑦富含钾肥。我国土壤普遍缺钾，北方更严重。

⑧使用时间长，水凝胶块放在土壤下面无阳光直射处，它能雨时吸水，干时释放水分给植物吸收，反复作用，使用寿命达2年以上。

⑨无毒。经中国预防医学科学院劳动卫生与职业病研究所检验，检验报告编号：LWY99第04—14号。报告结论是：

根据《食品安全性毒理学评价程序和方法（GB 15193.3—94）》，受试物FJC强力吸水保水剂（高吸水树脂）的水凝胶属无毒类物质。1999年6月7日。注：FJC即“冯晋臣”拼音缩写（见附件1～2）。

⑩没有臭味。

⑪无色透明，晶莹闪光，放在玻璃花瓶里插花，美观可爱。特别是高吸水树脂中的“栽花宝”，更适用于插花、无土栽培、改造沙漠上，其水凝胶块特硬，更富有弹性。“颗粒栽培宝”能吸水200倍以上，一般250倍左右的纯水，“块状栽花宝”能吸150倍左右的纯水，两者的水凝胶块都同样富有弹性，硬度明显高于一般“旱地神”的水凝胶块。

⑫无论是颗粒还是块状的根灌剂水凝胶块，在阳光直射

[附件 1]

(98)量认(国)字(S1801)

中国预防医学科学院
劳动卫生与职业病研究所
Institute of Occupational Medicine,
Chinese Academy of Preventive Medicine

检　验　报　告

报告编号：LWY99 第 04-14 号

样品名称：FJC 强力吸水保水剂(高吸水树脂)的水凝胶　　样品登记号：LWY 99 第 04-14 号
检验项目：雄性小鼠急性经口毒性（LD_{50}）试验
检验依据：食品安全性毒理学评价程序和方法（GB15193.3-94）
送检单位：海南通什科文综合服务中心　　送 检 人：冯晋臣
生产单位：海南通什科文综合服务中心　　批　号：990218
送检单位地址：海南通什科文综合服务中心（原州政府别墅）
联系电话：0899-6623787　邮　编：572200　收样时间：1999 年 4 月 19 日

一、检验目的

观察受试物 FJC 强力吸水保水剂（高吸水树脂）的水凝胶对雄性小鼠的急性毒性 LD_{50} 试验。

二、受检样品

受试物 FJC 强力吸水保水剂（高吸水树脂）的水凝胶是无色透明胶体，无粘着感，颗粒分明有一定弹性，无气味，不能溶于水和有机溶剂。

三、试验动物

健康雄性昆明种小鼠，体重 18-22 克，动物合格证号为医动字 01-3001。所需动物由中国医学科学院实验动物中心提供。

四、实验方法

将 20 只健康雄性昆明种小鼠，分为 4 个剂量组，每组 5 只。禁食一夜后，用受检样品经口灌胃。各组的剂量分别为 21500mg/kg、10000mg/Kg、4640mg/Kg 和 2150mg/kg。观察两周内动物的一般状况、中毒症状和死亡情况。用 Horn 氏法计算受试物对雄性小鼠急性经口 LD_{50}。

五、实验结果

动物染毒后 14 天观察期内未见有中毒症状和死亡，根据《食品安全性毒理学评价程序和方法（GB15193.3-94）》，受试物 FJC 强力吸水保水剂（高吸水树脂）的水凝胶雄性小鼠急性经口 LD_{50} 均大于 21500mg/kg。

六、结论

根据《食品安全性毒理学评价程序和方法（GB15193.3-94）》急性毒性分级标准，受试物 FJC 强力吸水保水剂（高吸水树脂）的水凝胶属无毒类物质。

技术档案存放处：劳卫所质量管理办公室
所技术负责人：
检验单位（盖章）：中国预防医学科学院劳动卫生与职业病研究所

1999.6.7

共 1 页 第 1 页

[附件2]

Q/TSK

海南通什科文综合服务中心企业标准

强力吸水保水剂(根灌剂)

2005-11-01 发布 2005-11-15 实施

海南通什科文综合服务中心 发布

下，会很快降解成水与化肥（海南岛 15d 左右），既能改良土壤又不会污染环境，故是绿色产品，符合可持续发展的要求。

三、家庭式或工业化生产栽花宝的冯氏新工艺三

（一）冯氏新工艺三

1. 反应容器的构成 用农家无需人为能源自制根灌剂的冯氏新工艺一的反应容器，或者用工业化生产根灌剂和吸水剂的冯氏新工艺二的反应容器。

2. 反应过程 本发明的技术方案是：一种聚丙烯酸盐高吸水树脂新工艺。其步骤包括：

①将规定量的丙烯酸水溶液加入到有冷却功能的带搅拌器的容器中；

②再将规定量的一价氢氧化物的一种或几种水溶液缓慢加入到上述容器中，温度控制在 48℃以下；

③在 45℃以下，再加入规定量的引发剂或其水溶液，控制 pH 值在 5.5～7.0 之内；

④在不通氮、非密封情形下，在一定条件下进行聚合反应，形成高吸水树脂软块；

⑤烘干，粉碎，包装成品。

本发明的进一步技术方案是：其技术特征在于步骤④可将反应底物放在上述容器外的、能耐 110℃的塑料盘中，在室温（20℃）下放在房间没有阳光的阴暗处 12～24h，即聚合反应成透明状胶块，以后把聚合物从盘中揭下来。如果是家庭式生产，就用轧铜板机把它切成长约 3cm、宽约 1.5cm 的小

块，或用手撕成类似的小块（因为这种聚合物是无毒的），然后烘干、粉碎再包装成品。如果产品是自己用就不需要再烘干和粉碎了，就用切出或手撕成的小软块即可（块状栽花宝）。如果是工业化生产，接着就是烘干，烘干后用建筑上所用的砸碎机把它砸成小块，再粉碎成直径为2～3cm的颗粒，经包装后即得成品。产品的保质期也在10年以上。

大规模生产，在聚合后的烘干、粉碎与包装工序，用流水线来完成。

3. 反应底物的重量 为反应容器所能容纳重量的80%。

（二）冯氏新工艺三的优点

这种在常温下缓慢反应出来的胶体是透明状的，晶莹闪光，可放在玻璃花瓶里插花，其水凝胶块特硬，更富于弹性。"颗粒栽培宝"能吸纯水200倍以上，"块状栽花宝"能吸150倍左右的纯水，两者水凝胶块都同样富有弹性，硬度明显高于一般"旱地神"的水凝胶块，因而更耐压，在较大压力下仍能保持其中所吸的水分。所以说，"栽花宝"是高吸水树脂之精品。

四、生产纳米级吸水剂的冯氏新工艺四

（一）冯氏新工艺四

1. 反应容器的构成 反应容器是带夹套的反应釜，反应釜本身带有搅拌器，夹套里可以放冷却水。小规模生产中，应在反釜旁边备一比其稍高的架子，架子上放一盛有一价氢氧化物水溶液的塑料容器，容器下端出口处应装有塑料水龙头，再在水龙头上套一可通入反应釜中的软管，以控制一价氢氧

化物水溶液能缓慢流入反应釜中。当一价氢氧化物流完之后,反应釜中的温度降至45℃以下时,再在原盛有一价氢氧化物水溶液的塑料容器中装入引发剂水溶液,让其通过软管流进反应釜中。当反应底物溶液从反应釜中倒出后,要彻底清洗反应釜,以防残留在反应釜内壁上的引发剂水溶液引发下次反应底物的聚合,而这种聚合产物是不合格的。

2. 反应过程 本发明的技术方案是:一种聚丙烯酸盐高吸水树脂新工艺。其步骤包括:

①将规定量的丙烯酸水溶液加入到有冷却功能的带搅拌器的容器中;

②再将规定量的一价氢氧化物的一种或几种水溶液缓慢加入到上述容器中,温度控制在48℃以下;

③在45℃以下,再加入规定量的引发剂或其水溶液,控制pH值在5.5～7.0之内;

④在不通氮、非密封情形下,在一定条件下进行聚合反应,形成高吸水树脂软块;

⑤烘干,粉碎,包装成品。

本发明的进一步技术方案是:其技术特征在于步骤④可将反应底物放在上述容器外的、能耐110℃的塑料盘中,在室温(20℃)下放在房间没有阳光的阴暗处12～24h,即聚合成透明状胶块,以后把聚合物从盘中揭下来,接着就烘干,烘干后用建筑上所用的砸碎机把它砸成小块,再粉碎成直径为2～3cm颗粒,再用纳米粉碎机(海南大学裴教授处)粉碎,经包装后即得成品。

3. 反应底物的重量 有以下几种:

反应釜是100L的,反应底物的总重量为80kg左右;

反应釜是500L的,反应底物的总重量为400kg左右;

反应釜是1 000L的,反应底物的总重量为800kg左右。

(二)冯氏新工艺四的优点

用一般的“颗粒旱地神”粉碎成纳米级产品后就失去吸水的作用,这是因为聚合物的结构比较松散,经纳米粉碎机粉碎后就破坏了它的分子结构,因此就不会吸水了。而用“栽花宝”经过纳米粉碎机粉碎后,因为它的聚合结构比较紧密,因而它的分子结构不会被破坏,所以它仍能吸水。纳米级高吸水树脂,可作为高级化妆品及高级食品等的原料。

五、生产种子包衣的冯氏新工艺五

(一)冯氏新工艺五

1. 反应容器的构成 工业化生产容器就用带夹套的反应釜,夹套里可以通冷却水,夹套里还加有电热棒可加热到100℃(大约20～30min),见图3-1。当反应底物溶液从容器中倒出后,要彻底清洗反应容器,以防反应容器内壁上残留的引发剂、交联剂引发下次反应底物的聚合,而这种聚合产物是不合格的。

2. 反应过程 本发明的技术方案是:一种聚丙烯酸盐高吸水树脂新工艺。其步骤包括:

①将规定量的丙烯酸水溶液加入到有冷却功能的带搅拌器的容器中;

②再将规定量的一价氢氧化物的一种或几种水溶液缓慢加入到上述容器中,温度控制在48℃以下;

③在45℃以下,再加入规定量的引发剂和交联剂的水溶

液，控制 pH 值在 5.5～7.0 之内；

④再加热到 90℃左右，开始聚合反应，聚合物为流体状的黏稠物，从容器下的出口处流出。

3. 反应底物的重量 为反应容器所能容纳重量的 80%。

(二)冯氏新工艺五的优点

由于不需要通氮保护，所以生产种子包衣的工艺过程很简单，工业化生产设备只需一个如图 3-1 的反应釜即可。

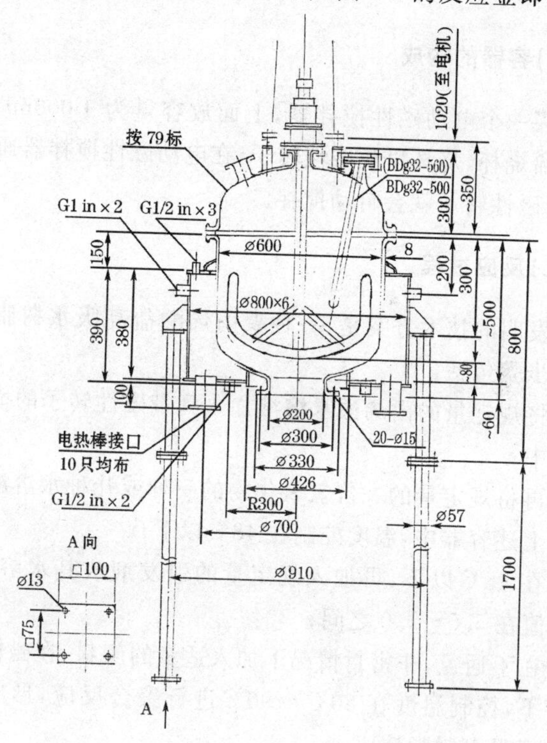

图 3-1　一种内壁搪玻璃的反应釜　(单位：mm)

第四章 生产永不褪色的高吸水树脂彩晶

一、冯氏新工艺六

(一)容器的构成

购买一个电动磁性搅拌器,上面放容量为 1 000ml 的聚四氟乙烯烧杯,烧杯里放磁性转子,在电动磁性搅拌器通电之后,这个磁性转子就会自动搅拌。

(二)反应过程

本发明的技术方案是:一种聚丙烯酸盐高吸水树脂新工艺。其步骤包括:

①将规定量的丙烯酸水溶液加入到带磁性转子的搅拌器的容器中;

②再将规定量的一价氢氧化物的一种或几种水溶液缓慢加入到上述容器中,温度控制在 48℃以下;

③在 45℃以下,再加入规定量的引发剂或其水溶液,控制 pH 值在 5.5~7.0 之间;

④在不通氮、非密封情况下加入适量的颜料,在磁性转子的搅拌下,控制温度在 80℃~90℃进行聚合反应,形成永不褪色的高吸水树脂软块;

⑤烘干,粉碎,包装成品。

(三)反应底物的重量

反应底物总重量:800g。

(四)冯氏新工艺六的优点

①设备简单,只需一个电动磁性搅拌器和容量为1 000ml的聚四氟乙烯烧杯,谁都可以生产。

②颜料添加量要适量,过量就会造成彩色高吸水树脂水凝胶块全部溶解于水中,那就没有意义了;添加量过低色泽不明显。究竟如何是好?读者可以根据各种颜色调整适当比例。

二、只有用颜料才能制造出永不褪色的彩色晶体

经过上千次实验知道,不能用染料制造彩色晶体,只有颜料才能制造出永不褪色的彩色晶体。

用染料制造彩色晶体,笔者已做过多次实验,这种彩色晶体一抛到水中,颜色就会溶到水中,譬如黄色和蓝色的彩晶同时抛在水中就会变成绿色晶体,所以不是永不褪色的彩晶。而笔者改变思路,用颜料代替染料,按一定比例可以制造出各种颜色的永不褪色的彩色晶体。到底用什么颜料来生产彩晶,读者可以自己选择,可以选择闪闪发光的,也可以选择晶莹亮透的,等等。

三、带夹套的花盆

(一)技术领域

本实用新型涉及一种栽种花卉植物的花盆。

(二)背景技术

在本实用新型做出之前,市场上使用的花盆,多是以栽培花卉为主要功能,其他功能较少。如使花盆除了种花外,还具有漂亮的可随心所欲地更换带有各种彩色、形态各异的装饰物之功能,从而给人们的生活情趣,带来更高的艺术享受。

(三)发明内容

本实用新型的目的就在于克服上述缺陷,设计一种新型结构的花盆。

本实用新型的技术方案:带夹套的花盆,有与盆底座相连的盆体,盆口敞开,盆底座上有一个贯通上下的漏水孔。其主要技术特征在于盆体是双层的夹套结构,盆体内壁层与外壁层构成的夹套之上端口是敞开的,盆体的外壁层是用透明材料制成的,使人们通过透明的外壁层,可看到花盆夹套内放置的五光十色、形态各异的装饰物。

本实用新型的优点和效果在于置入花盆夹套内的装饰物增加了花盆的艺术性,若配以灯光照射,艺术氛围更浓,且花盆夹套内的装饰物可随心所欲地更换,花盆的功能得到了扩充;而其结构仍很简单,易于制造。见图 4-1,图 4-2。

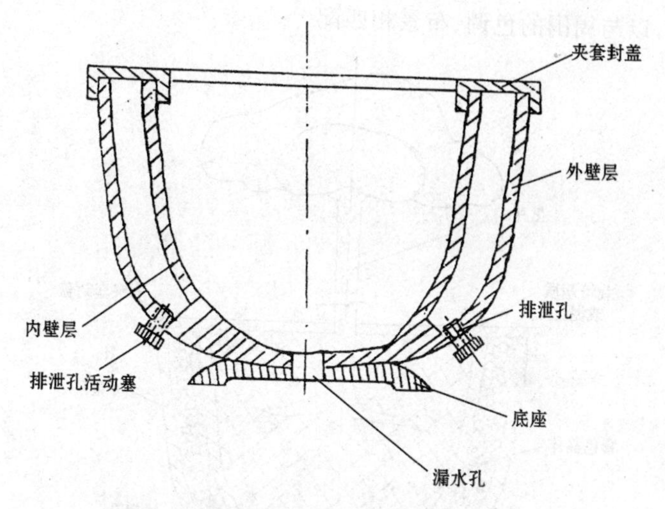

图 4-1　带夹套花盆结构原理示意图的剖面图

（四）具体实施方式

如图 4-1 所示，带夹套的花盆，具有盆底座及由与盆底座相连的外壁层与内壁层构成一个带夹套的盆体，盆体与夹套的上端口均敞开，夹套之上端口被一活动的盖塞封掩着，盆体的外壁层是透明材料制成的，在盆体外壁层最下端沿周边设置一些排泄孔，花盆越大排泄孔的个数要适量增加，每个排泄孔均用活络的盖塞密封着，盆底座上有一个贯通上下的漏水孔，排泄孔与漏水孔的直径与花盆大小成正相关。

花卉植物在带夹套的花盆内，进行无土或用泥土栽种上后，可在花盆的夹套之中放入各种彩色斑斓、形态美丽可爱的装饰物，通过盆体透明的外壁层看到夹层里这些艳丽可人的装饰物，不但增添了环境的艺术氛围，也自然增加了该盆花的价值，而且夹套内的装饰物可随客户即花盆主人的心愿而变换，以与周围的色调、布景相匹配。

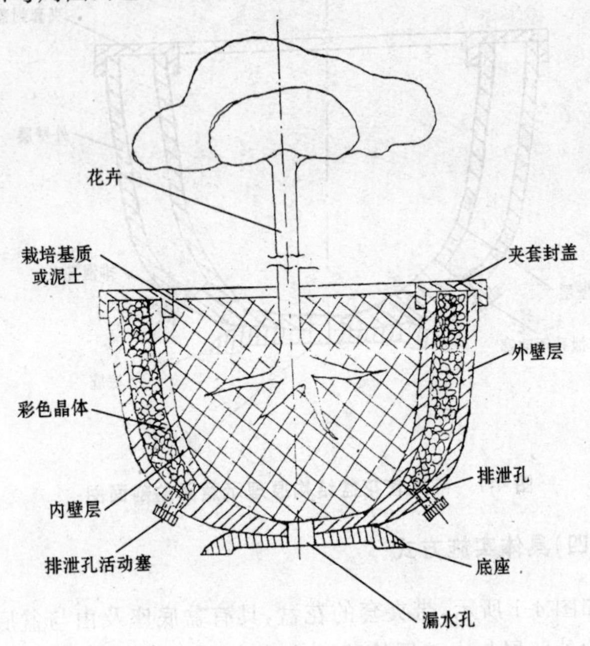

图 4-2　带夹套花盆应用实例的剖面图

具体应用实例如图 4-2 所示，花盆的盆体内已栽上花卉植物，盆内是无土栽培基质或泥土，然后掀开夹套上端口的盖塞，在夹套中装入彩色晶体，这是一种带有各种色彩的高吸水树脂的水凝胶块。这样，本实用新型特别适合于宾馆、会议室、办公室、酒店、游轮、客车及家居等处使用。

第五章　制造根灌剂与吸水剂的原料和辅料以及其调制

一、通用的原料和辅料

(一)通用的原料

1. 丙烯酸(败脂酸)

结构式：$CH_2=CHCOOH$,不饱和脂肪酸。

分子量:72.03

性能:类似于醋酸的无色液体。溶于水、乙醇和乙醚。通常加甲氧基氢醌、对苯二酚等作为阻聚剂。高温容易聚合,成为透明白色粉末。还原时成为丙酸,有辛辣气味,能发烟。相对密度(d_4^{16})1.0621,熔点 14℃,沸点 141.0℃,折光率(n_D^{20})1.4224,闪点 68℃,中等毒性,有腐蚀性,用于有机合成。为酸性腐蚀品,应于阴凉通风处存放。

丙烯酸单体化学结构中含有一个羧基,一个不饱和双键,性质十分活泼。丙烯酸在引发剂作用下,双键打开,聚合反应可在水相和有机溶剂中进行。聚合反应因选择引发剂种类、用量及链转移剂与反应条件的不同,可以制成黏度、分子量各异的聚合物。因其分子量分布范围宽狭不同,其用途也有明显差别。可加入 200×10^{-6} 对苯二酚单甲醚或氢醌阻聚剂作稳定剂。

制备：①丙烯腈水解法。反应如下：

$$CH_2-CHCN+2H_2O \xrightarrow{H_2SO_4} CH_2-CH-COOH+NH_4HSO_4$$

②丙烯直接氧化法。反应如下：

$$CH_2-CH-CH_3+O_2 \xrightarrow{催化剂} CH_2-CH-CHO+H_2O$$

$$CH_2-CH-CHO+\frac{1}{2}O_2 \xrightarrow{催化剂} CH_2-CH-COOH$$

单体受热、光和过氧化物作用可促进聚合，故贮存、运输时一般均加入少量阻聚剂。使用单体时，必须减压蒸馏以除去阻聚剂。

执行标准：GB/T—175291 1998

纯度：≥99.0%

色度：Hazen 单位(铂—钴色号)≤20。

水分：≤0.10%。

阻聚剂(MEHQ)含量：(m/m)$10^{-6}\times 200\pm20$。

比重(20℃时)：1.051。

沸点：141.3℃。

熔点：13.2℃(天冷 14℃以下，结晶成“冰棱”)。

闪点：54.5℃(开口杯)。

爆炸范围：2.4%

贮存期：半年。与氧化剂、碱类分储。

2. 氢氧化铵 又称氨水。

分子式：NH_4OH

物化性质：无色透明。具有弱碱性。易挥发，随温度升高和放置时间延长而增加挥发率，且浓度的增大挥发量增加。氨水有一定的腐蚀作用。

氨(NH_3)含量：25%。

灼烧残渣：0.003。

氯化物(Cl)：0.0001。

硫化合物(SO_4)：0.0002。

磷酸盐(PO_4)：0.0002。

碳酸盐(CO_3)：0.002。

镁(Mg)：0.0001。

钙(Ca)：0.0001。

铁(Fe)：0.00002。

重金属(Pb)：0.0001。

还原高锰酸钾物质:合格。

3. 氢氧化钾(苛性钾)

分子式：KOH,无机强碱。

性质:白色颗粒,块状物。极易吸收水分和二氧化碳,溶于0.6份热水,0.9份冷水,3份乙醇,2.5份甘油。溶于水、乙醇时或用酸处理时产生大量的热,中等毒性,有强腐蚀和刺激作用。其不同规格的产品成分见表5-1。

表5-1 不同规格氢氧化钾的成分

项　目		一优级纯	分析纯	化学纯
含　量(KOH)		＞82%	82%	80%
氯化物	⩽	0.005	0.01	0.025
碳酸盐	⩽	0.003	0.005	0.01
钠	⩽	1	2	2
铁	⩽	0.0005	0.001	0.002
钙	⩽	0.003	0.01	0.02
氮化物(a)	⩽	0.0005	0.0005	0.001

4. 氢氧化钠(苛性钠) 又称烧碱、火碱。

分子式：NaOH，无机强碱。

性质：白色颗粒或片状、条状物，易吸收空气中的二氧化碳和水分。1g 溶于 0.9ml 冷水，0.3ml 沸水，7.2ml 无水乙醇，4.2ml 甲醇。溶于甘油、水、乙醇，或溶液与酸混合时，产生大量的热。水溶液呈强碱性，有强刺激性和腐蚀性等。其产品含杂指标见表 5-2。

表 5-2 氢氧化钠含杂指标 (%)

项 目		优级纯	分析纯	化学纯
氯化物(Cl)	≤	0.002	0.005	0.01
硫酸盐(SO_4)	≤	0.002	0.005	0.02
氮化物(N)	≤	0.0005	0.0005	0.001
磷酸盐(PO_4)	≤	0.0005	0.001	0.002
硅酸盐(SiO_3)	≤	0.003	0.01	0.05
镁(Mg)	≤	0.001	—	—
铝(Al)	≤	0.001	0.005	0.005
钾(K)	≤	0.01	0.02	—
钙(Ca)	≤	0.01	0.02	0.05
铁(fe)	≤	0.0005	0.001	0.002
镍(Ni)	≤	0.001	—	—
重金属(以 Ag 计)	≤	0.003	0.003	0.003

5. 氢氧化钙 俗名熟石灰或消石灰。分子式：$Ca(OH)_2$

性质：白色粉末。密度 2.24。在 580℃时失去水。具强碱性，对皮肤、织物等有腐蚀作用。吸湿性很强。几乎不溶于水。露置空气中能渐渐吸收二氧化碳而成碳酸钙。用于制造漂白粉等，并用作硬水软化剂、消毒剂、制酸剂、收剑剂等。由氧化钙和水消化而得。氢氧化钙的澄清水溶液称石灰水，有碱性，能吸收空气中的二氧化碳而生成碳酸钙沉淀。用于医药、制糖和化学工业等方面。氢氧化钙与水组成的乳状悬浮液称石灰乳，用于刷墙和保护树干等。

6. 氢氧化镁 分子式：$Mg(OH)_2$。

性质：白色三方形结晶体。相对密度 2.36，折射率 1.559。在温度 350℃开始分解生成氧化镁，430℃分解最快，490℃全部分解。每克氢氧化镁分解时吸收 184×4.2J/g 的热。不溶于水，溶于酸及铵盐溶液中。本品加入塑料制品中起阻燃及消烟作用。

制法：可从海水或盐卤中制取。也可将氯化镁溶于水，再加入氢氧化钠或氢氧化铵水溶液进行反应，将其沉淀过滤、用水洗涤、干燥后即得本品。

质量指标：外观为白色粉末，热分解温度≥320℃，相对密度 2.36，比表面积≤$45m^2/g$。

用途：用于彩色电视机显像管锥玻璃涂料、制药、制造镁盐、砂糖精制，亦用于保温材料及作阻燃剂等。可加入聚苯乙烯、聚乙烯、聚丙烯及 ABS 树脂中作阻燃剂或阻燃填料，一般加入量为每 100 重量份树脂加入本品 40～200 重量份。在使用前常用阴离子表面活性剂如硬脂酸钠、油酸钾等处理。

7. 引发剂

(1)过硫酸钾 别名高硫酸钾、过二硫酸钾、二硫八氧酸钾。

分子式：$K_2S_2O_8$

性质：无色或白色三斜晶系片状或柱状结晶。相对密度 2.477。在 100℃完全分解，放出氧而变成焦硫酸钾。溶于水，不溶于乙醇，水溶液呈酸性。在空气中稳定，遇潮湿时易分解，水溶液在室温下缓慢水解生成过氧化氢。具强氧化性，与有机物接触易引起燃烧爆炸。

制法：硫酸铵溶液中加入氢氧化钾或碳酸钾溶液，反应后加热除去氨和二氧化碳而制得。

质量指标：见表 5-3。

表 5-3　过硫酸钾产品质量指标　(%)

项　目	一级品	二级品	项　目	一级品	二级品
过硫酸钾　≥	98	98	氮化物　≤	0.35	0.7
酸　度　≤	0.1	0.2	水　分　≤	0.5	0.5
铁　盐　≤	0.003	0.004			

用途：合成树脂、合成橡胶工业用作乳液聚合引发剂，特别适用于丁二烯-苯乙烯合成橡胶。在冲洗照相胶片时用作硫代硫酸钠脱除剂，也用于医药工业作消毒剂和肥皂、油脂的漂白剂，还用于制造炸药、染料的氧化剂。

(2)过硫酸铵　别名高硫酸铵，过二硫酸铵。

分子式：$(NH_4)_2S_2O_8$

性质：无色单斜结晶或白色结晶粉末。相对密度 1.982，熔点 120℃（分解），分解时放出氧而变为焦硫酸铵 $(NH_4)_2S_2O_7$。干燥环境下具有良好的稳定性；在潮湿空气中易受潮结块，逐渐分解放出氧和臭氧。溶于水，在温水中其溶解度增大，受热发生分解，生成酸性硫酸铵和过氧化氢。具有强氧化性和腐蚀性。

制法：浓硫酸铵水溶液电解后生成过硫酸铵，再经冷冻、结晶、分离、洗涤和干燥而制得。

质量指标：见表 5-4。

表 5-4　过硫酸铵产品质量指标　(%)

项　目		优级品	一级品	二级品
过硫酸铵含量	≥	98.5	98.0	95.0
重金属(以 Pb 计)	≤	0.0008	0.004	0.006
铁	≤	0.0005	0.002	0.003
水分	≤	0.01	0.12	0.15

用途:可作氧化剂、漂白剂、脱臭剂,高分子聚合的助聚剂,氯乙烯化合物的聚合引发剂,特别是用于乳化聚合和氧化还原聚合。亦用作过硫酸盐和双氧水的原料,以及制造苯胺染料。还用于肥皂和油脂的漂白、金属的蚀刻和作食品的保存剂等。

8. N,N'-亚甲(基)双丙烯酰胺

分子式: $C_7H_{10}N_2O_2$

性质:白色粉末状结晶。无气味。溶于水、乙醇和含水丙酮。熔点 181℃～185℃。水溶液因水解而成丙烯酸和氨。中等毒性。用作制备聚丙烯酸盐凝胶的交联剂。

化学纯级含量≥98%,灼烧残渣不大于 0.1%。

阴凉避光存放。

9. 淀　粉

结构式: $(C_2H_{10}O_5)_n$

性能:粒状白色粉末。主要成分为碳水化合物,含水分约 13.31%,粗蛋白质 1.21%,粗脂肪 0.01%,粗纤维素微量,淀粉 85.11%。微溶于冷水,在热水(50℃)中能膨胀,到一定温度(58℃～77℃)就会糊化。容易受酸、高温或淀粉酶作用而水解成糊精,再进一步水解则转化成葡萄糖而失去黏着力。在烧碱溶液作用下充分膨化变成黏度很大、黏着力很强的白色透明胶体物。在玉米淀粉中含约27%直链淀粉,73%支链淀粉。直链淀粉容易水解,黏度及渗透性不及支链淀粉,决定黏度大小性能的主要是支链淀粉。

制法:由玉米、大米、小麦、薯类等磨粉制得。

质量规格:HG2-384-66。见表5-5。

表5-5 淀粉产品质量规格

指标名称		一级品	二级品
水分(%)	≤	14	—
蛋白质(%)	≤	0.5	0.8
灰分(%)	≤	0.1	0.2
酸度(°T)	≤	20	25
细度(过100号筛)(%)	≥	98	98
斑点(个/cm^2)	≤	2	3
气 味		正常	正常

(参考文献:俞福良,日用化工原料手册,北京:中国轻工业出版社,1991:182)

10. 纯水 常压下沸点为100℃,冰点0℃,pH值7.0(中性)。

北方硬水或苦水的自来水代替纯水会影响产品质量。

(二)通用的辅料

1. 大中量元素 尿素$CO(NH_2)_2$、过磷酸钙$Ca(H_2PO_4)\cdot H_2O+CaSO_4$、硝酸铵$(NH_4)NO_3$、硝酸钾$KNO_3$、硫酸镁$MgSO_4\cdot 7H_2O$、硝酸钙$Ca(NO_3)_2\cdot 4H_2O$、硫酸铵$(NH_4)_2SO_4$、硫酸钾$K_2SO_4$、磷酸二氢钾$KH_2PO_4$、碳酸钾$K_2CO_3$。

2. 微量元素

(1)不可以添加的微量元素　除了铜、铁、锰之外有阻聚作用,即加入了这些元素之后不能形成高吸水树脂。

(2)可以添加的微量元素　硼砂 $NO_2B_4O_7 \cdot 10H_2O$、硼酸 H_3BO_3、硫酸锌 $ZnSO_4 \cdot 7H_2O$、钼酸铵 $(NH_4)_6Mo_7O_{24} \cdot 4H_2O$、钼酸钠 $(Na)_2MoO_4 \cdot 2H_2O$。

3. 颜料　不含铜、铁、锰。

二、非本体反应所用的有机溶剂与洗涤剂

(一)有机溶剂

1. 正己烷(己烷)

结构式:$CH_3-CH_2-CH_2-CH_2-CH_2-CH_3$

分析纯:95%。

化学纯:90%。

性质:无色易挥发液体,有微弱的特殊气味。相对密度0.6594(20/4℃),溶点-95℃,沸点68.74℃,闪点-27℃,自燃点225℃。不溶于水,溶于乙醇、丙酮、乙醚等有机溶剂。其蒸汽与空气形成爆炸性混合物,爆炸极限1.2%~7.5%(体积),属一级易燃液体。

质量指标(Q/SH 001-X05-88):见表5-6。

表 5-6 正己烷产品质量指标

项 目	指 标	项 目	指 标
外 观	无色透明	苯(C×10⁻⁶. V.)	≤100
正丁烷含量(%)	60～80	水(C×10⁻⁶. V.)	≤200
相对密度	0.663～0.683	反应试剂	中性
铜腐蚀试验	无颜色变化	溴 值	≤1.0

用途：主要用作溶剂，特别适用于萃取植物油。在聚丙烯生产中，作溶剂，也作颜料稀释剂。

2. 煤油 沸程为180℃～310℃。为C9～C16的多种烃类混合物。纯品为无色透明液体，含有杂质时呈淡黄色。平均分子量在200～250之间。密度大于0.84g/cm³。闪点40℃以上。运动黏度40℃为1.0～2.0mm²/s。芳烃含量8%～15%。不含苯及不饱和烃(特别是二烯烃)。不含裂化馏分。硫含量0.04%～0.10%。燃烧完全，亮度足，火焰稳定，不冒黑烟，不结灯花，无明显异味，对环境污染小。

不同用途的煤油，其化学成分不同。同一种煤油因制取方法和产地不同，其理化性质也有差异。各种煤油的质量依次降低：航空煤油、动力煤油、溶剂煤油、灯用煤油、燃料煤油、洗涤煤油。一般沸点为110℃～350℃。

各种煤油在常温下为液体，无色或淡黄色，略具臭味。不溶于水，易溶于醇和其他有机溶剂。易挥发。易燃。与空气混合形成爆炸性的混合气。爆炸极限为2%～3%。

煤油因品种不同含有烷烃28%～48%的，芳烃20%～50%，不饱和烃1%～6%，环烃17%～44%。碳原子数为10～16。此外，还有少量的杂质，如硫化物(硫醇)、胶质等。

3. 汽油 汽油是油品的一大类。复杂烃类(碳原子数约

4～12)的混合物。

无色至淡黄色的易流动液体。沸点范围约初馏点30℃～205℃，空气中含量为74～123g/m³ 时遇火爆炸。主要组分是四碳至十二碳烃类。易燃。

汽油的热值约为44 000kj/kg。燃料的热值是指1kg燃料完全燃烧后所产生的热量。

4. 甲苯　分子式为 C_7H_7，分子量为92.14。熔点－94.4℃，沸点110.6℃。相对密度(水＝1)0.87，相对密度(空气＝1)3.14。危险标记7(易燃液体)。无色透明液体，有类似苯的芳香气味。蒸汽压4.89kPa/30℃闪点：4℃。稳定。主要用于掺合汽油组成及作为生产甲苯衍生物、炸药、染料中间体、药物的主要原料。

(二)洗涤剂

1. 甲醇　甲醇是一种透明、无色、易燃、有毒的液体，略带酒精味。熔点－97.8℃，沸点64.8℃，闪点12.22℃，自燃点47℃，相对密度0.7915(20℃/4℃)，爆炸极限下限6%、上限36.5%，能与水、乙醇、乙醚、苯、丙酮和大多数有机溶剂相混溶。

它是重要有机化工原料和优质燃料。主要用于制造甲醛、醋酸、氯甲烷、甲氨、硫酸二甲脂等多种有机产品，也是农药、医药的重要原科之一。甲醇亦可代替汽油作燃料使用。

甲醇是假酒的主要成分，过多食用会导致失明，甚至死亡！

2. 丙　酮

分子量：58.08。

熔点：－94.6℃。

沸点:56.48℃。

液体密度(15℃):797.2kg/m^3。

气体密度:2.00kg/m^3。

压缩系数(14.2℃,90L 79～3 699.38kPa):0.000111。

临界温度:236.5℃。

临界压力:4 782.5 kPa。

临界密度:278kg/m^3。

气化热(0℃):563.79kJ/kg

比热容(气体,26℃～110℃,101.325kPa):Cp=1452.37J/(kg·K)。

蒸汽压(39.5℃):53.33kPa。

蒸汽压(25℃):30.17kPa。

黏度(气体,0℃):0.00725mPa·s。

黏度(液体,0℃):0.4013mPa·s。

表面张力(丙酮—空气或蒸汽,0℃):26.2mN/m。

导热系数(0℃,气体):0.0096338W/(m·K)。

导热系数(0℃,液体):0.177702W/(m·K)。

折射率:1.3585。

闪点:-17.78℃。

燃点:465℃。

爆炸界限:2.6%～12.8%。

最大爆炸压力:872.79kPa。

产生最大爆炸压力的浓度:6.3%。

最易引燃浓度:4.5。

燃烧热(液体,25℃):1 791.62kJ/mol。

毒性级别:1。

易燃性级别:3。

易爆性级别:0。

丙酮在常温压下为具有特殊芳香气味的易挥发性无色透明液体。易燃烧,其蒸汽空气能形成爆炸性混合物,遇明火或高热易引起燃烧。化学性质较活泼。其液体比水轻。能与水、酒精、乙醚、氯仿、乙炔、油类及碳氢化合物相互溶解,能溶解油脂和橡胶。丙酮蒸汽有麻醉效应。

三、原料及辅料的调制

部分原料的调制见表 5-7。

表 5-7 部分原料的调制数据

序号	试剂名称	浓度(%)	pH 值	密度(g/ml)	备 注
1	丙烯酸	99.0	6.5	1.0551	工业纯
2	氢氧化铵(氨水)	23.584 以上	12.6	0.9568	工业纯
3	氢氧化钾(韩国产)	45	11.0	1.2970	工业纯
4	氢氧化钠(波兰产)	45	11.0	1.3360	分析纯
5-1	过硫酸钾(进口分装)	4.0	6.5	1.0411	工业纯
5-2	过硫酸铵(进口分装)	10	6.0	1.0473	工业纯
6-1	纯 水	100	7.0	1.0000	可用纯净的自来水代替
6-2	五指山自来水	近 100	7.0	1.0033	纯净自来水
7	磷酸二氢钾	5	6.0	1.0309	分析纯
8	自配的大中量元素	50	2.4	1.2247	CP

第六章　适合本体聚合反应的配方

一、配方原则

一种乙烯基不饱和单体的高聚物吸水剂的制造方法，该反应体系以乙烯基不饱和单体和碱金属氢氧化物为原料，以水为溶剂，使用一种水溶性的过氧化物引发剂或一种水溶性的氧化还原引发剂。本发明的特征是通过改变原料乙烯基不饱和单体用量的配比，可用本体聚合法来制备乙烯基不饱和单体的均聚物。

其一，在聚合体系中加入交联剂。此交联剂可以是具有两个官能团的氮取代酰胺类化合物或多元醇，其用量为单体用量的 0～0.5(重量%)。

其二，其特征是聚合原料中乙烯基不饱和单体与金属氢氧化物的摩尔比为 0.9～1.6。

其三，为了提高高聚物吸水剂的吸水性能，本发明的方法中可以在聚合反应中加入一种交联剂，使高聚物吸水剂中分子部分交联，使吸水剂只能在水中溶胀而不能溶解。交联剂的种类和用量对高聚物吸水剂的吸水率影响很大。如果用量过大，高聚物吸水剂在水中不能溶胀，吸水率很低；如果用量过小，高聚物吸水剂在水中会溶解。本发明所用的交联剂，可以是 N 取代的含两个双键的酰胺类化合物，如 N，N′-亚甲基双丙烯酰胺；也可以用多元醇，如乙二醇、丙三醇等。交联剂的用量为聚合单体的 0～0.5%(重量百分数)。

二、适合本体聚合反应的具体配方

笔者在 20 世纪 80～90 年代做过几千次实验(大部分是失败的),精选出适合本体聚合反应的具体配方。

(一)B 系列配方

1. B_4

(1) 配方　纯水 24.3495kg,丙烯酸 34.7850kg,氨水 20.8710kg,过硫酸钾 0.3479kg(干品)。

(2)产品性能　①1g 产品吸胀水后,为 425～525g/g(吸胀率 425～525 倍)。②75℃反应,较烈。

2. B_{34}

(1) 配方　丙烯酸 29.6950kg,氨水 28.8042kg,纯水 21.4992kg,过硫酸钾 0.1485kg(干品)。

(2)产品性能　①1g 产品吸胀水后,为 467g/g(吸胀率 467 倍)。②产品水凝胶块富有弹性。③水凝胶块手感良好。

3. B_{44}

(1) 配方　丙烯酸 29.6950kg,氨水 28.8042kg,纯水 21.4992kg,过硫酸铵 0.1485kg(干品)。

(2)产品性能　①1g 产品吸胀水后,为 547g/g(吸胀率 547 倍)。②产品水凝胶块富有弹性。③水凝胶块手感良好。

4. B_{84}

(1) 配方　丙烯酸 29.6950kg,氨水 23.0433kg,纯水 27.2600kg,过硫酸钾 0.1485kg(干品)。

(2)产品性能　①1g 产品吸胀水后,为 532.5g/g(吸胀率 532.5 倍)。②产品水凝胶块富有弹性。③水凝胶块手感良好。

5. B_{94}

(1)配方　丙烯酸39.1494kg，氨水25.0416kg，10%磷酸二氢钾15.8090kg，4%过硫酸钾9.768715409kg。

(2)产品性能　①1g产品吸胀水后，为250g/g(吸胀率250倍)。②干热型反应。③直线型加热。

6. B_{184}

(1)配方　丙烯酸45.0450kg，氨水34.9549kg，过硫酸钾0.2252kg(干品)。

(2)产品性能　①1g产品吸胀水后，为250～400g/g(吸胀率250～400倍)。②产品水凝胶块成块。③水凝胶块手感较好。

7. B_{284}

(1)配方　丙烯酸45.0450kg，氨水34.9549kg，过硫酸铵0.2252kg(干品)。

(2)产品性能　①1g产品吸胀水后，为250～400g/g(吸胀率为250～400倍)。②产品水凝胶块软、容易碎。③水凝胶块手感差。

8. B_{380}

(1)配方　丙烯酸29.6960kg，氨水23.0441kg，纯水27.2609kg，过硫酸钾0.1485kg(干品)。

(2)产品性能　①1g产品吸胀水后，为420g/g(吸胀率420倍)。②产品水凝胀块成块。③水凝胶块手感一般。

(二)E系列配方

1. E_2

(1)配方　纯水41.8158kg，氢氧化钾12.0001kg(干

品)，丙烯酸 26.1840kg，过硫酸钾 0.2160kg(干品)。

(2)产品性能　①1g 产品吸胀水后，为 190～262g/g(吸胀率 190～262 倍)。②产品水凝胶块稍硬、滑，有弹性。③水凝胶块手感良好。

2. E_3

(1)配方　纯水 41.8158kg，氢氧化钾 12.0001kg(干品)，丙烯酸 26.1840kg，过硫酸钾 0.0733kg(干品)。

(2)产品性能　①1g 产品吸胀水后，为 232～285g/g(吸胀率 232～285 倍)。②产品水凝胶块滑，稍硬有弹性。③水凝胶块手感良好。

3. E_{103}

(1)配方　纯水 41.8158kg，氢氧化钾 12.0001kg(干品)，丙烯酸 26.1840kg，过硫酸钾 0.0733kg(干品)。

(2)产品性能　①1g 产品吸胀水后，为 517～742g/g(吸胀率 517～742 倍)。②产品水凝胶块有弹性，真空 105℃×1.5h 为好，先烘 100℃×1h 再真空 110℃×1h 更好。③水凝胶块手感良好。

4. E_{890}

(1)配方　丙烯酸 27.73900kg，氢氧化钠 16.9347kg(干品)，水 35.4366kg，过硫酸钾 0.1387kg(干品)。

(2)产品性能　①1g 产品吸胀水后，为 450g/g(吸胀率 450 倍)。②产品水凝胶块成块。③水凝胶块手感一般。④我国土地普遍缺钾，北方缺钾更严重；海南岛缺钠，所以这个配方适合在海南岛用。

三、使用配方注意事项

其一，生产用的原料要地道，氢氧化钾要用韩国产的，氢氧化钠要用波兰产的，氨水要用浓度为25%的，水用自来水厂产的蒸馏水，过硫酸钾、过硫酸铵要用进口分装的，丙烯酸浓度要大于99%。

其二，工业上生产高吸水树脂，都要用溶液，比如氢氧化钾在配方里面标注的是干品，要把它溶解。因为氢氧化钾溶解是放热反应，溶解后先把它冷却，然后与丙烯酸缓慢混合，才不至于过热，因为两者的混合也是放热反应。过硫酸钾或者过硫酸铵干品，也要溶解成水溶液。这样，配方中水的用量就减少或者不用了。

其三，每个配方都是80kg，80kg÷5＝16kg，正好是农家自己生产根灌剂的用量；80kg×5＝400kg，正好是500L反应釜所需的用量；80kg×100＝800kg，正好是1 000L反应釜所需的用量（那是工业化生产）；80kg÷100＝0.8kg，正适合实验室试验。

四、相关资料

发明专利证书（见复印件）。

发明名称：一种聚丙烯酸盐高吸水树脂新工艺。

专利号：ZL 02106374.5

证书号第346918号

发明专利证书

发 明 名 称：一种聚丙烯酸盐高吸水树脂新工艺

发 明 人：冯征；冯晋臣；袁伦次

专 利 号：ZL 02 1 06374.5

专利申请日：2002年3月3日

专利权人：冯晋臣；冯征；袁伦次

授权公告日：2007年9月19日

本发明经过本局依照中华人民共和国专利法进行审查，决定授予专利权，颁发本证书并在专利登记簿上予以登记。专利权自授权公告之日起生效。

本专利的专利权期限为二十年，自申请日起算。专利权人应当依照专利法及其实施细则规定缴纳年费。缴纳本专利年费的期限是每年03月03日前一个月内。未按照规定缴纳年费的，专利权自应当缴纳年费期满之日起终止。

专利证书记载专利权登记时的法律状况。专利权的转移、质押、无效、终止、恢复和专利权人的姓名或名称、国籍、地址变更等事项记载在专利登记簿上。

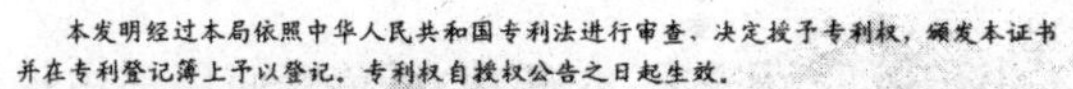

局长 田力普

2007年9月19日

第1页(共1页)

主要参考文献

[1] 冯晋臣,等．植物根灌节水栽培方法．发明专利号:ZL97103541.5,专利申请日:1997.4.10.

[2] 冯晋臣,等．一种聚丙烯酸盐高吸水树脂新工艺．发明专利号:ZL02106374.5,专利申请日:2002.3.3.

[3] 冯晋臣．高效节水根灌栽培新技术．北京:金盾出版社,2008.

[4] 冯晋臣．林果吊瓶输注液节水节肥增产新技术．北京:金盾出版社,2009.

[5] 吴李怀,等．高吸水保水材料．北京:化学工业出版社,2005.

声　　明

在本书出版后,凡购买本书者,可免费使用书中提到的各项专利与专有技术,否则必将追究其侵犯知识产权的法律责任。

信　　息

1. 欲邮购林果吊瓶输注液的针头九套 100 元(每棵树老根部输液三个针头),如果要配九套输液管 150 元。

2. 根灌剂笔者这里有卖,45 元/千克(含邮寄费、人工费、包装费),到海南我处来买 35 元/千克。根灌剂保质期十年,每亩用 3 千克。

后 记

与人类历史长河相比，人的生命只是一瞬间。一个人想在历史上留下一个脚印，都要付出几十年的努力，才有可能实现这个目标。

1962 年，我在南京大学物理系（五年制）毕业后，择优分配到国防科委搞雷达的研究。我从 1963 年开始，认识到了全世界干旱缺水的严重性，于是自选这个课题下决心要比较彻底地解决这个问题。从 1963 年开始，为了解决这个问题，我从数理角度出发，研读了化学、化工、生物、农学、林学、土壤学、森林病虫害防治、水利、医学吊瓶输注液、植物生理、机械制图等学科。历经四十余年，终于发明了精细灌溉“根灌”，与“根灌剂”配合，可以节水节肥 90% 以上，因此在 2005 年 2 月 16 日《海南日报》在“今曰关注”栏目中，誉称我为“根灌之父”。我又发明了精确灌溉“树木吊瓶输注液”技术。该技术可以提高水肥利用率 50～100 倍，所以《新江北报》在 2009 年 2 月 27 日誉称我为“中华树木吊瓶输液第一人”。

我用“根灌”及“根灌剂”和“树木吊瓶输注液”是成功的，我著的《高效节水根灌栽培新技术》、《林果吊瓶输注液节水节肥增产新技术》已由金盾出版社出版，随着时间的推移，运用这些抗旱技术的人会越来越多。正如 1945 年美国在广岛投了第一颗原子弹，在美国制造原子弹的原理及技术已经成熟，但是半个世纪过去了，还有不少国家在研制原子弹。我国在钱学森的带领下，经过了二十多年的努力，才爆炸成功第一颗原子弹。可见要用别人研究成果，也得自己花相当的力气。

我已71岁，从2001年开始中风两次，跌断手和脚各一次，还是糖尿病晚期患者，基本上长期住院，现在还住在医院之中，为了给后人留下一些有用的知识财富，在我得癌症（乳腺癌）妻子季静秋教授的帮助之下，终于写完了这本《自制根灌剂与吸水剂的新工艺及配方》（发明专利号：ZL02106374.5）。

这样，跟金盾出版社出版的两本书构成一个新体系，我们就解决了抗旱节水的世界难题。

因疾病缠身，书中缺点错误在所难免，请读者指正。

冯晋臣

2010年5月2日

作 者 简 历

冯晋臣，男，教授，专家，海南省第二届十大专利发明人，IEEE 主办的 ICNNSP 分会主席，英国 IBC20 世纪杰出传记人物，世界科技咨询专家，中国生物物理学会等会员，现任职于琼州大学物理系，曾兼任中国科技核心期刊《数据采集与处理》编委、海南省电子学会副理事长及海南省高评委成员。在大学学习时是省网球队员。

1939 年 12 月 5 日生于浙江宁波的知识分子家庭里。1957 年上海市建设中学毕业，1962 年毕业于南京大学五年制物理系，被择优选入国防科委搞研究。1963 年率先世界提出植物工厂化的概念与实施方案，获得当时上海市农业科学院戴弘院长的好评。1968 年研制成功某雷达关键部件“大功率微波两路合一器”，该发明 1978 年荣获科学大会奖（排名第一），因此被评为专家。1969 年发明“树木吊瓶输液”，能提高水肥利用率 50～100 倍，所以《新江北报》在 2009 年 2 月 27 日誉称冯晋臣教授为“中华树木吊瓶输液第一人”。1972 年，“植物输液在果树生产上的应用”、“植物输液技术简述”等论文相继发表在《农业科技通讯》、《柑桔科技革命》等报刊上，并入选代表国家对外交流的《中国果树科技文摘》第 7、第 9 集。因国家当时没有专利局，所以没法申请发明专利。1997 年又发明了精细灌溉“根灌”（发明专利号：ZL97103541.5），与“根灌剂”(发明专利号:ZL02106374.5)相配合,可以节水节肥90%以上,因此,2005年2月16日《海南日报》在“今日关注”栏目,誉称冯晋臣教授为“根灌之父”。